사고력도 탄탄! 창의력도 탄탄!
수학 일등의 지름길 「기탄사고력수학」

♛ 단계별·능력별 프로그램식 학습지입니다

유아부터 초등학교 6학년까지 각 단계별로 4~6권씩 총 52권으로 구성되었으며, 처음 시작할 때 나이와 학년에 관계없이 능력별 수준에 맞추어 학습하는 프로그램식 학습지입니다.

♛ 사고력·창의력을 키워 주는 수학 학습지입니다

다양한 사고 단계를 거쳐 문제 해결력을 높여 주며, 개념과 원리를 이해하도록 하여 수학적 사고력을 키워 줍니다. 또 수학적 사고를 바탕으로 스스로 생각하고 깨닫는 창의력을 키워 줍니다.

♛ 유아 과정은 물론 초등학교 수학의 전 영역을 골고루 학습합니다

운필력, 공간 지각력, 수 개념 등 유아 과정부터 시작하여, 초등학교 과정인 수와 연산, 도형 등 수학의 전 영역을 골고루 다루어, 자녀들의 수학적 사고의 폭을 넓히는 데 큰 도움을 줍니다.

♛ 학습 지도 가이드와 다양한 학습 성취도 평가 자료를 수록했습니다

매주, 매달, 매 단계마다 학습 목표에 따른 지도 내용과 지도 요점, 완벽한 해설을 제공하여 학부모님께서 쉽게 지도하실 수 있습니다. 창의력 문제와 수학 경시 대회 예상 문제를 단계별로 수록, 수학 실력을 완성시켜 줍니다.

♛ 과학적 학습 분량으로 공부하는 습관이 몸에 배입니다

하루 10~20분 정도의 과학적 학습량으로 공부에 싫증을 느끼지 않게 하고, 학습에 자신감을 가지도록 하였습니다. 매일 일정 시간 꾸준하게 공부하도록 하면, 시키지 않아도 공부하는 습관이 몸에 배게 됩니다.

「기탄사고력수학」은
체계적이고 장기적인 프로그램으로
꾸준히 학습하면 반드시 성적으로 보답합니다

✿ 스몰 스텝(Small Step)방식으로 꾸준히 학습하면 성적이 올라갑니다

「기탄사고력수학」은 단순히 문제만 나열한 문제집이 아닙니다. 체계적이고 장기적인 학습프로그램을 통해 수학적 사고력과 창의력을 완성시켜 주는 스몰 스텝(Small Step)방식으로 꾸준히 학습하면 반드시 성적이 올라갑니다.

✿ 하루 3장, 10~20분씩 규칙적으로 학습하게 하세요

매일 일정 시간에 일정한 학습량을 꾸준히 재미있게 해야만 학습효과를 높일 수 있습니다. 주별로 분철하기 쉽게 제본되어 있으니, 교재를 구입하시면 먼저 분철하여 일주일 학습 분량만 자녀들에게 나누어 주세요. 그래야만 아이들이 학습 성취감과 자신감을 가질 수 있습니다.

✿ 자녀들의 수준에 알맞은 교재를 선택하세요

〈기탄사고력수학〉은 유아에서 초등학교 6학년까지, 나이와 학년에 관계없이 학습 난이도별로 자신의 능력에 맞는 단계를 선택하여 시작하는 능력별 교재입니다. 그러나 자녀의 수준보다 1~2단계 낮춘 교재부터 시작하면 학습에 더욱 자신감을 갖게 되어 효과적입니다.

교재 구분	교재 구성	대 상
A단계 교재	1, 2, 3, 4집	4세 ~ 5세 아동
B단계 교재	1, 2, 3, 4집	5세 ~ 6세 아동
C단계 교재	1, 2, 3, 4집	6세 ~ 7세 아동
D단계 교재	1, 2, 3, 4집	7세 ~ 초등학교 1학년
E단계 교재	1, 2, 3, 4, 5, 6집	초등학교 1학년
F단계 교재	1, 2, 3, 4, 5, 6집	초등학교 2학년
G단계 교재	1, 2, 3, 4, 5, 6집	초등학교 3학년
H단계 교재	1, 2, 3, 4, 5, 6집	초등학교 4학년
I 단계 교재	1, 2, 3, 4, 5, 6집	초등학교 5학년
J단계 교재	1, 2, 3, 4, 5, 6집	초등학교 6학년

「기탄사고력수학」으로 수학 성적 올리는 **일등비법**을 공개합니다

✳ 문제를 먼저 풀어 주지 마세요

기탄사고력수학은 직관(전체 감지)을 논리(이론과 구체 연결)로 발전시켜 답을 구하도록 구성되었습니다. 쉽게 문제를 풀지 못하더라도 노력하는 과정에서 더 많은 것을 얻을 수 있으니, 약간의 힌트 외에는 자녀가 스스로 끝까지 문제를 풀어 나갈 수 있도록 격려해 주세요.

✳ 교재는 이렇게 활용하세요

먼저 자녀들의 능력에 맞는 교재를 선택하세요. 그리고 일주일 분량씩 분철하여 매일 3장씩 풀 수 있도록 해 주세요. 한꺼번에 많은 양의 교재를 주시면 어린이가 부담을 느껴서 학습을 미루거나 포기하기 쉽습니다. 적당한 양을 매일매일 학습하도록 하여 수학 공부하는 재미를 느낄 수 있도록 해 주세요.

✳ 교재 학습 과정을 꼭 지켜 주세요

한 주 학습이 끝날 때마다 창의력 문제와 경시 대회 예상 문제를 꼭 풀고 넘어가도록 해 주시고, 한 권(한 달 과정)이 끝나면 성취도 테스트와 종료 테스트를 통해 스스로 실력을 가늠해 볼 수 있도록 도와 주세요. 문제를 다 풀면 반드시 해답지를 이용하여 정확하게 채점해 주시고, 틀린 문제를 체크해 놓았다가 다음에는 확실히 풀 수 있도록 지도해 주세요.

✳ 자녀의 학습 관리를 게을리 하지 마세요

수학적 사고는 하루 아침에 생겨나는 것이 아닙니다. 날마다 꾸준히 규칙적으로 학습해 나갈 때에만 비로소 수학적 사고의 기틀이 마련되는 것입니다. 교육은 사랑입니다. 자녀가 학습한 부분을 어머니께서 꼭 확인하시면서 사랑으로 돌봐 주세요. 부모님의 관심 속에서 자란 아이들만이 성적 향상은 물론 이 사회에서 꼭 필요한 인격체로 성장해 나갈 수 있다는 것도 잊지 마세요.

A - ❶ 교재

나와 가족에 대하여 알기
바른 행동 알기
다양한 선 그리기
다양한 사물 색칠하기
○△□ 알기
똑같은 것 찾기
빠진 것 찾기
종류가 같은 것과 다른 것 찾기
관찰력, 논리력, 사고력 키우기

A - ❷ 교재

필요한 물건 찾기
관계 있는 것 찾기
다양한 기준에 따라 분류하기
(종류, 용도, 모양, 색깔, 재질, 계절, 성질 등)
두 가지 기준에 따라 분류하기
다섯까지 세기
변별력 키우기
미로 통과하기

A - ❸ 교재

다양한 기준으로 비교하기
(길이, 높이, 양, 무게, 크기, 두께, 넓이, 속도, 깊이 등)
시간의 순서 비교하기
반대 개념 알기
3까지의 숫자 배우기
그림 퍼즐 맞추기
미로 통과하기

A - ❹ 교재

최상급 개념 알기
다양한 기준으로 순서 짓기 (크기, 시간, 길이, 두께 등)
네 가지 이상 비교하기
이중 서열 알기
ABAB, ABCABC의 규칙성 알기
다양한 규칙 이해하기
부분과 전체 알기
5까지의 숫자 배우기
일대일 대응, 일대다 대응 알기
미로 통과하기

B - ❶ 교재

열까지 세기
9까지의 숫자 배우기
사물의 기본 모양 알기
모양 구성하기
모양 나누기와 합치기
같은 모양, 짝이 되는 모양 찾기
위치 개념 알기 (위, 아래, 앞, 뒤)
위치 파악하기

B - ❷ 교재

9까지의 수량, 수 단어, 숫자 연결하기
구체물을 이용한 수 익히기
반구체물을 이용한 수 익히기
위치 개념 알기 (안, 밖, 왼쪽, 가운데, 오른쪽)
다양한 위치 개념 알기
시간 개념 알기 (낮, 밤)
구체물을 이용한 수와 양의 개념 알기
(같다, 많다, 적다)

B - ❸ 교재

순서대로 숫자 쓰기
거꾸로 숫자 쓰기
1 큰 수와 2 큰 수 알기
1 작은 수와 2 작은 수 알기
반구체물을 이용한 수와 양의 개념 알기
보존 개념 익히기
여러 가지 단위 배우기

B - ❹ 교재

순서수 알기
사물의 입체 모양 알기
입체 모양 나누기
두 수의 크기 비교하기
여러 수의 크기 비교하기
0의 개념 알기
0부터 9까지의 수 익히기

C

단계 교재

C - ❶ 교재	C - ❷ 교재
구체물을 통한 수 가르기 반구체물을 통한 수 가르기 숫자를 도입한 수 가르기 구체물을 통한 수 모으기 반구체물을 통한 수 모으기 숫자를 도입한 수 모으기	수 가르기와 모으기 여러 가지 방법으로 수 가르기 수 모으고 다시 수 가르기 수 가르고 다시 수 모으기 더해 보기 세로로 더해 보기 빼 보기 세로로 빼 보기 더해 보기와 빼 보기 바꾸어서 셈하기
C - ❸ 교재	C - ❹ 교재
길이 측정하기　높이 측정하기 넓이 측정하기　크기 측정하기 둘레 측정하기　무게 측정하기 부피 측정하기　들이 측정하기 활동 시간 알아보기　시간의 순서 알아보기 여러 가지 측정하기	열 개 열 개 만들어 보기 열 개 묶어 보기 자리 알아보기 수 '10' 알아보기 10의 크기 알아보기 더하여 10이 되는 수 알아보기 열다섯까지 세어 보기 스물까지 세어 보기

D

단계 교재

D - ❶ 교재	D - ❷ 교재
수 11~20 알기 11~20까지의 수 알기 30까지의 수 알아보기 자릿값을 이용하여 30까지의 수 나타내기 40까지의 수 알아보기 자릿값을 이용하여 40까지의 수 나타내기 자릿값을 이용하여 50까지의 수 나타내기 50까지의 수 알아보기	상자 모양, 공 모양, 둥근기둥 모양 알아보기 공간 위치 알아보기 입체도형으로 모양 만들기 여러 방향에서 본 모습 관찰하기 평면도형 알아보기 선대칭 모양 알아보기 모양 만들기와 탱그램
D - ❸ 교재	D - ❹ 교재
덧셈 이해하기 10이 되는 더하기 여러 가지로 더해 보기 덧셈 익히기 뺄셈 이해하기 10에서 빼기 여러 가지로 빼 보기 뺄셈 익히기	조사하여 기록하기 그래프의 이해 그래프의 활용 분수의 이해 시간 느끼기 사건의 순서 알기 소요 시간 알아보기 달력 보기 시계 보기 활동한 시간 알기

기탄교력수학 교재별 학습 내용

E

단계 교재

E - ❶ 교재	E - ❷ 교재	E - ❸ 교재
사물의 개수를 세어 보고 1, 2, 3, 4, 5 알아보기 0의 개념과 0~5까지의 수의 순서 알기 하나 더 많다, 적다의 개념 알기 두 수의 크기 비교하기 사물의 개수를 세어 보고 6, 7, 8, 9 알아보기 0~9까지의 수의 순서 알기 하나 더 많다, 적다의 개념 알기 두 수의 크기 비교하기 여러 가지 모양 알아보기, 찾아보기, 만들어 보기 규칙 찾기	두 수로 가르기 두 수를 모으기 가르기와 모으기 덧셈식 알아보기 뺄셈식 알아보기 길이 비교해 보기 높이 비교해 보기 들이 비교해 보기 무게 비교해 보기 넓이 비교해 보기	수 10(십) 알아보기 19까지의 수 알아보기 몇십과 몇십 몇 알아보기 물건의 수 세기 50까지 수의 순서 알아보기 두 수의 크기 비교하기 분류하기 분류하여 세어 보기
E - ❹ 교재	**E - ❺ 교재**	**E - ❻ 교재**
수 60, 70, 80, 90 99까지의 수 수의 순서 두 수의 크기 비교 여러 가지 모양 알아보기, 찾아보기 여러 가지 모양 만들기, 그리기 규칙 찾기 10을 두 수로 가르기 100이 되도록 두 수를 모으기	100이 되는 더하기 10에서 빼기 세 수의 덧셈과 뺄셈 (몇십)+(몇), (몇십 몇)+(몇), (몇십 몇)+(몇십 몇) (몇십 몇)-(몇), (몇십 몇)-(몇십 몇) 긴바늘, 짧은바늘 알아보기 몇 시 알아보기 몇 시 30분 알아보기	세 수의 덧셈 받아올림이 있는 (몇)+(몇) 받아내림이 있는 (십 몇)-(몇) 세 수의 계산 덧셈식, 뺄셈식 만들기 □가 있는 덧셈식, 뺄셈식 만들기 여러 가지 방법으로 해결하기

F

단계 교재

F - ❶ 교재	F - ❷ 교재	F - ❸ 교재
백(100)과 몇백(200, 300, ……)의 개념 이해 세 자리 수와 뛰어 세기의 이해 세 자리 수의 크기 비교 받아올림이 있는 (두 자리 수)+(한 자리 수)의 계산 받아내림이 있는 (두 자리 수)-(한 자리 수)의 계산 세 수의 덧셈과 뺄셈 선분과 직선의 차이 이해 사각형, 삼각형, 원 등의 여러 가지 모양 쌓기나무로 똑같이 쌓아 보고 여러 가지 모양 만들기 배열 순서에 따라 규칙 찾아내기	받아올림이 있는 (두 자리 수)+(두 자리 수)의 계산 받아내림이 있는 (두 자리 수)-(두 자리 수)의 계산 여러 가지 방법으로 계산하고 세 수의 혼합 계산 길이 비교와 단위길이의 비교 길이의 단위(cm) 알기 길이 재기와 길이 어림하기 어떤 수를 □로 나타내기 덧셈식·뺄셈식에서 □의 값 구하기 어떤 수를 구하는 식 만들기 식에 알맞은 문제 만들기	시각 읽기 시각과 시간의 차이 알기 하루의 시간 알기 달력을 보며 1년 알기 몇 시 몇 분 전 알기 반 시간 알기 묶어 세기 몇 배 알아보기 더하기를 곱하기로 나타내기 덧셈식과 곱셈식으로 나타내기
F - ❹ 교재	**F - ❺ 교재**	**F - ❻ 교재**
2~9의 단 곱셈구구 익히기 1의 단 곱셈구구와 0의 곱 곱셈표에서 규칙 찾기 받아올림이 없는 세 자리 수의 덧셈 받아내림이 없는 세 자리 수의 뺄셈 여러 가지 방법으로 계산하기 미터(m)와 센티미터(cm) 길이 재기 길이 어림하기 길이의 합과 차	받아올림이 있는 세 자리 수의 덧셈 받아내림이 있는 세 자리 수의 뺄셈 여러 가지 방법으로 덧셈·뺄셈하기 세 수의 혼합 계산 똑같이 나누기 전체와 부분의 크기 분수의 쓰기와 읽기 분수만큼 색칠하고 분수로 나타내기 표와 그래프로 나타내기 조사하여 표와 그래프로 나타내기	□가 있는 곱셈식을 만들어 문제 해결하기 규칙을 찾아 문제 해결하기 거꾸로 생각하여 문제 해결하기

단계 교재

G - ❶ 교재	G - ❷ 교재	G - ❸ 교재
1000의 개념 알기	똑같이 묶어 덜어 내기와 똑같게 나누기	분수만큼 알기와 분수로 나타내기
몇천, 네 자리 수 알기	나눗셈의 몫	몇 개인지 알기
수의 자릿값 알기	곱셈과 나눗셈의 관계	분수의 크기 비교
뛰어 세기, 두 수의 크기 비교	나눗셈의 몫을 구하는 방법	mm 단위를 알기와 mm 단위까지 길이 재기
세 자리 수의 덧셈	나눗셈의 세로 형식	km 단위를 알기
덧셈의 여러 가지 방법	곱셈을 활용하여 나눗셈의 몫 구하기	km, m, cm, mm의 단위가 있는 길이의
세 자리 수의 뺄셈	평면도형 밀기, 뒤집기, 돌리기	합과 차 구하기
뺄셈의 여러 가지 방법	평면도형 뒤집고 돌리기	시각과 시간의 개념 알기
각과 직각의 이해	(몇십)×(몇)의 계산	1초의 개념 알기
직각삼각형, 직사각형, 정사각형의 이해	(두 자리 수)×(한 자리 수)의 계산	시간의 합과 차 구하기

G - ❹ 교재	G - ❺ 교재	G - ❻ 교재
(네 자리 수)+(세 자리 수)	(몇십)÷(몇)	막대그래프
(네 자리 수)+(네 자리 수)	내림이 없는 (몇십 몇)÷(몇)	막대그래프 그리기
(네 자리 수)-(세 자리 수)	나눗셈의 몫과 나머지	그림그래프
(네 자리 수)-(네 자리 수)	나눗셈식의 검산 / (몇십 몇)÷(몇)	그림그래프 그리기
세 수의 덧셈과 뺄셈	들이 / 들이의 단위	알맞은 그래프로 나타내기
(세 자리 수)×(한 자리 수)	들이의 어림하기와 합과 차	규칙을 정해 무늬 꾸미기
(몇십)×(몇십) / (두 자리 수)×(몇십)	무게 / 무게의 단위	규칙을 찾아 문제 해결
(두 자리 수)×(두 자리 수)	무게의 어림하기와 합과 차	표를 만들어서 문제 해결
원의 중심과 반지름 / 그리기 / 지름 / 성질	0.1 / 소수 알아보기	예상과 확인으로 문제 해결
	소수의 크기 비교하기	

단계 교재

H - ❶ 교재	H - ❷ 교재	H - ❸ 교재
만 / 다섯 자리 수 / 십만, 백만, 천만	이등변삼각형 / 이등변삼각형의 성질	소수
억 / 조 / 큰 수 뛰어서 세기	정삼각형 / 예각과 둔각	소수 두 자리 수
두 수의 크기 비교	예각삼각형 / 둔각삼각형	소수 세 자리 수
100, 1000, 10000, 몇백, 몇천의 곱	덧셈, 뺄셈 또는 곱셈, 나눗셈이 섞여 있는 혼합	소수 사이의 관계
(세,네 자리 수)×(두 자리 수)	계산	소수의 크기 비교
세 수의 곱셈 / 몇십으로 나누기	덧셈, 뺄셈, 곱셈, 나눗셈이 섞여 있는 혼합 계산	규칙을 찾아 수로 나타내기
(두,세 자리 수)÷(두 자리 수)	( ), { }가 있는 혼합 계산	규칙을 찾아 글로 나타내기
각의 크기 / 각 그리기 / 각도의 합과 차	분수와 진분수 / 가분수와 대분수	새로운 무늬 만들기
삼각형의 세 각의 크기의 합	대분수를 가분수로, 가분수를 대분수로 나타내기	
사각형의 네 각의 크기의 합	분모가 같은 분수의 크기 비교	

H - ❹ 교재	H - ❺ 교재	H - ❻ 교재
분모가 같은 진분수의 덧셈	사다리꼴 / 평행사변형 / 마름모	꺾은선그래프
분모가 같은 대분수의 덧셈	직사각형과 정사각형의 성질	꺾은선그래프 그리기
분모가 같은 진분수의 뺄셈	다각형과 정다각형 / 대각선	물결선을 사용한 꺾은선그래프
분모가 같은 대분수의 뺄셈	여러 가지 모양 만들기	물결선을 사용한 꺾은선그래프 그리기
분모가 같은 대분수와 진분수의 덧셈과 뺄셈	여러 가지 모양으로 덮기	알맞은 그래프로 나타내기
소수의 덧셈 / 소수의 뺄셈	직사각형과 정사각형의 둘레	꺾은선그래프의 활용
수직과 수선 / 수선 긋기	$1cm^2$ / 직사각형과 정사각형의 넓이	두 수 사이의 관계
평행선 / 평행선 긋기	여러 가지 도형의 넓이	두 수 사이의 관계를 식으로 나타내기
평행선 사이의 거리	이상과 이하 / 초과와 미만 / 수의 범위	문제를 해결하고 풀이 과정을 설명하기
	올림과 버림 / 반올림 / 어림의 활용	

Ⅰ 단계 교재

Ⅰ-❶ 교재	Ⅰ-❷ 교재	Ⅰ-❸ 교재
약수 / 배수 / 배수와 약수의 관계	세 분수의 덧셈과 뺄셈	평행사변형의 넓이
공약수와 최대공약수	(진분수)×(자연수) / (대분수)×(자연수)	삼각형의 넓이
공배수와 최소공배수	(자연수)×(진분수) / (자연수)×(대분수)	사다리꼴의 넓이
크기가 같은 분수 알기	(단위분수)×(단위분수)	마름모의 넓이
크기가 같은 분수 만들기	(진분수)×(진분수) / (대분수)×(대분수)	넓이의 단위 m^2, a
분수의 약분 / 분수의 통분	세 분수의 곱셈 / 합동인 도형의 성질	넓이의 단위 ha, km^2
분수의 크기 비교 / 진분수의 덧셈	합동인 삼각형 그리기	넓이의 단위 관계
대분수의 덧셈 / 진분수의 뺄셈	면, 모서리, 꼭짓점	무게의 단위
대분수의 뺄셈 / 세 분수의 덧셈과 뺄셈	직육면체와 정육면체	
	직육면체의 성질 / 겨냥도 / 전개도	

Ⅰ-❹ 교재	Ⅰ-❺ 교재	Ⅰ-❻ 교재
분수와 소수의 관계	(소수)×(자연수) / (자연수)×(소수)	두 수의 크기 비교
분수를 소수로, 소수를 분수로 나타내기	곱의 소수점의 위치	비율
분수와 소수의 크기 비교	(소수)×(소수)	백분율
1÷(자연수)를 곱셈으로 나타내기	소수의 곱셈	할푼리
(자연수)÷(자연수)를 곱셈으로 나타내기	(소수)÷(자연수)	실제로 해 보기와 표 만들기
(진분수)÷(자연수) / (가분수)÷(자연수)	(자연수)÷(자연수)	그림 그리기와 식 만들기
(대분수)÷(자연수)	줄기와 잎 그림	예상하고 확인하기와 표 만들기
분수와 자연수의 혼합 계산	그림그래프	실제로 해 보기와 규칙 찾기
선대칭도형/선대칭의 위치에 있는 도형	평균	
점대칭도형/점대칭의 위치에 있는 도형	자료를 그래프로 나타내고 설명하기	

J 단계 교재

J-❶ 교재	J-❷ 교재	J-❸ 교재
(자연수)÷(단위분수)	쌓기나무의 개수	비례식
분모가 같은 진분수끼리의 나눗셈	쌓기나무의 각 자리, 각 층별로 나누어	비의 성질
분모가 다른 진분수끼리의 나눗셈	개수 구하기	가장 작은 자연수의 비로 나타내기
(자연수)÷(진분수) / 대분수의 나눗셈	규칙 찾기	비례식의 성질
분수의 나눗셈 활용하기	쌓기나무로 만든 것, 여러 가지 입체도형,	비례식의 활용
소수의 나눗셈 / (자연수)÷(소수)	여러 가지 생활 속 건축물의 위, 앞, 옆	연비
소수의 나눗셈에서 나머지	에서 본 모양	두 비의 관계를 연비로 나타내기
반올림한 몫	원주와 원주율 / 원의 넓이	연비의 성질
입체도형과 각기둥 / 각뿔	띠그래프 알기 / 띠그래프 그리기	비례배분
각기둥의 전개도 / 각뿔의 전개도	원그래프 알기 / 원그래프 그리기	연비로 비례배분

J-❹ 교재	J-❺ 교재	J-❻ 교재
(소수)÷(분수) / (분수)÷(소수)	원기둥의 겉넓이	두 수 사이의 대응 관계 / 정비례
분수와 소수의 혼합 계산	원기둥의 부피	정비례를 활용하여 생활 문제 해결하기
원기둥 / 원기둥의 전개도	경우의 수	반비례
원뿔	순서가 있는 경우의 수	반비례를 활용하여 생활 문제 해결하기
회전체 / 회전체의 단면	여러 가지 경우의 수	그림을 그리거나 식을 세워 문제 해결하기
직육면체와 정육면체의 겉넓이	확률	거꾸로 생각하거나 식을 세워 문제 해결하기
부피의 비교 / 부피의 단위	미지수를 x로 나타내기	표를 작성하거나 예상과 확인을 통하여
직육면체와 정육면체의 부피	등식 알기 / 방정식 알기	문제 해결하기
부피의 큰 단위	등식의 성질을 이용하여 방정식 풀기	여러 가지 방법으로 문제 해결하기
부피와 들이 사이의 관계	방정식의 활용	새로운 문제를 만들어 풀어 보기

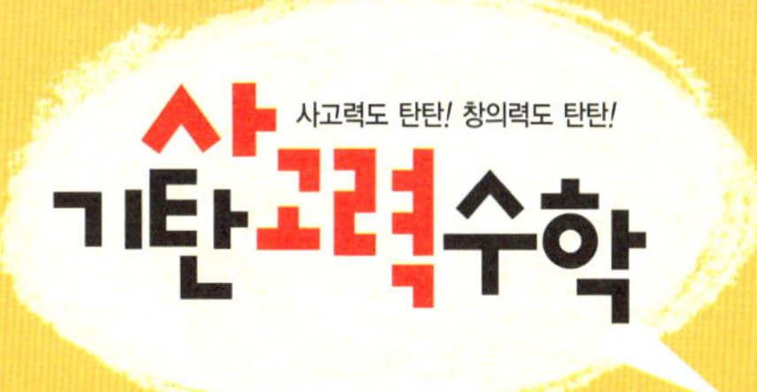

학습 관리표

학습 내용		이번 주는?
여러 가지 입체도형	· 쌓기나무의 개수 알기 · 쌓기나무의 각 자리, 각 층별로 나누어 개수 구하기 · 규칙 찾기 · 쌓기나무로 만든 것의 위, 앞, 옆에서 본 모양 알기 · 여러 가지 입체도형의 위, 앞, 옆에서 본 모양 · 여러 가지 생활 속 건축물의 위, 앞, 옆에서 본 모양 · 창의력 학습 · 경시대회 예상문제	· 학습 방법 : ① 매일매일　② 가끔　③ 한꺼번에 　하였습니다. · 학습 태도 : ① 스스로 잘　② 시켜서 억지로 　하였습니다. · 학습 흥미 : ① 재미있게　② 싫증내며 　하였습니다. · 교재 내용 : ① 적합하다고　② 어렵다고　③ 쉽다고 　하였습니다.
지도 교사가 부모님께		부모님이 지도 교사께
평가	Ⓐ 아주 잘함　　Ⓑ 잘함　　Ⓒ 보통　　Ⓓ 부족함	

원(교)　　　　　반　　이름　　　　　　전화

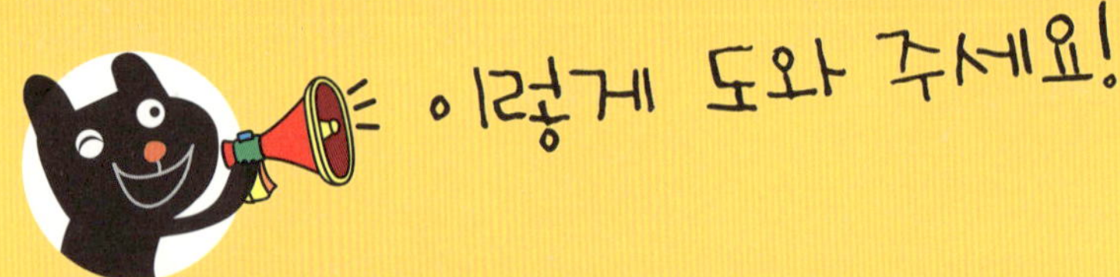

● 학습 목표
– 쌓기나무로 만든 입체 모양을 보고 쌓기나무의 개수를 정확히 나타낼 수 있는 방법을 알 수 있습니다.
– 쌓기나무로 만든 입체 모양을 보고, 입체 모양을 만드는 데 사용된 쌓기나무의 개수를 구할 수 있습니다.
– 쌓기나무로 여러 가지 모양을 만들고 쌓은 규칙을 찾을 수 있습니다.
– 쌓기나무로 만든 것의 위, 앞, 옆에서 본 모양을 추측하고 그릴 수 있습니다.
– 입체도형의 위, 앞, 옆에서 본 모양을 추측하고 그릴 수 있습니다.
– 여러 가지 건축물의 위, 앞, 옆에서 본 모양을 나타낼 수 있습니다.

● 지도 내용
– 쌓기나무로 만든 모양을 보고 쌓기나무의 개수를 추측하게 합니다.
– 쌓기나무로 만든 모양을 보고 여러 가지 방법을 사용하여 사용된 쌓기나무의 개수를 구해 보게 합니다.
– 규칙적으로 쌓은 쌓기나무를 보고 규칙을 찾아보게 하고, 규칙을 정하여 쌓기나무를 쌓아 보게 합니다.
– 쌓기나무로 쌓은 모양의 위, 앞, 옆에서 본 모양을 예측하고 그려 보게 합니다.
– 여러 가지 입체도형을 위, 앞, 옆에서 본 모양을 예측하고 그려 보게 합니다.
– 여러 가지 건축물의 위, 앞, 옆에서 본 모양을 예측하고 그려 보게 합니다.

● 지도 요점
쌓기나무를 쌓은 모양을 보고 개수를 구하며 각 방향에서 본 모양을 추측하고 확인해 보도록 합니다. 또한 쌓기나무뿐만 아니라 여러 가지 입체도형과 실생활에서의 건축물 및 예술품을 다양한 방향에서 바라보았을 때의 모양의 변화를 이해하도록 합니다. 이러한 활동을 통해 공간의 개념을 이해할 뿐만 아니라 일상생활에서 공간적인 문제를 해결하고 결정할 수 있습니다.

◆ **쌓기나무의 개수 알기** ◆

두 그림을 비교해 보고 물음에 답하시오. [1~3]

가 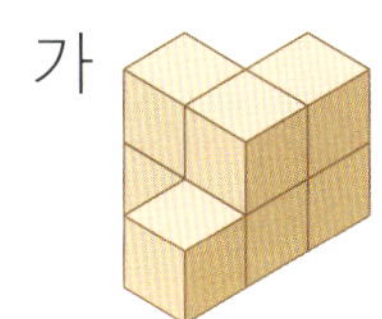　　　나 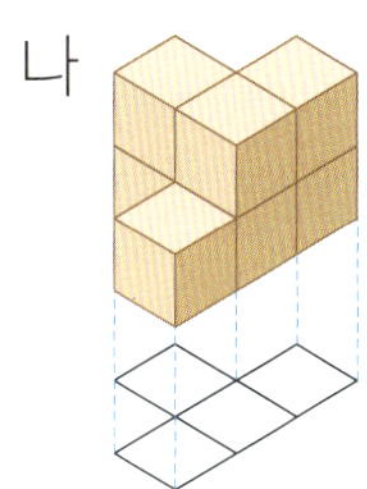

1 가 그림과 같은 모양을 만들기 위해서 쌓기나무가 몇 개 필요한지 정확하게 알 수 있습니까?

[답]

2 나 그림과 같은 모양을 만들기 위해서 쌓기나무가 몇 개 필요한지 정확하게 알 수 있습니까?

[답]

3 나 그림과 같은 모양을 만들기 위해서 쌓기나무가 몇 개 필요합니까?

[답]

쌀기나무의 개수를 정확히 알기 위한 방법을 알아보려고 합니다. 물음에 답하시오.

[4~7]

가 　　　나 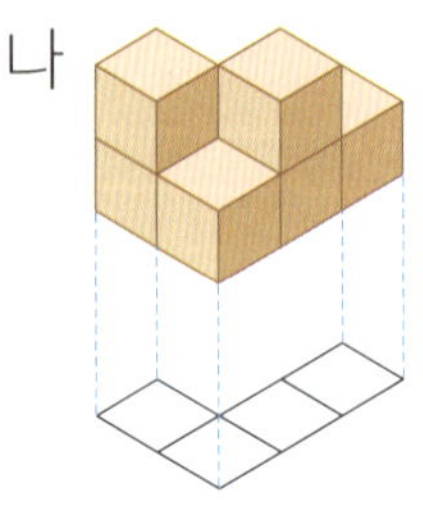

4 가 그림과 같은 모양을 만들기 위해서 쌓기나무가 몇 개 필요합니까?

[답]

5 나 그림과 같은 모양을 만들기 위해서 쌓기나무가 몇 개 필요합니까?

[답]

6 가 그림과 나 그림의 차이점은 무엇입니까?

[답]

7 가 그림과 나 그림 중 어느 그림이 쌓기나무의 개수를 정확히 나타낼 수 있습니까?

[답]

사고력 학습

◆ 쌓기나무의 각 자리, 각 층별로 나누어 개수 구하기(1) ◆

그림과 같은 모양을 만들기 위해서 쌓기나무가 몇 개 필요한지 알아보려고 합니다. 물음에 답하시오. [1~6]

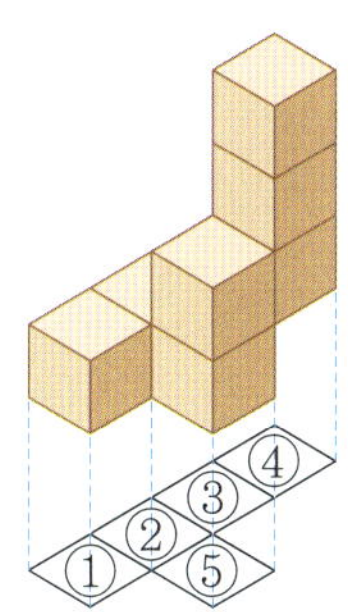

1 ①번 자리에 쌓을 쌓기나무는 몇 개입니까?

[답]

2 ②번 자리에 쌓을 쌓기나무는 몇 개입니까?

[답]

3 ③번 자리에 쌓을 쌓기나무는 몇 개입니까?

[답]

4 ④번 자리에 쌓을 쌓기나무는 몇 개입니까?

[답]

5 ⑤번 자리에 쌓을 쌓기나무는 몇 개입니까?

[답]

6 필요한 쌓기나무는 모두 몇 개입니까?

[답]

그림과 같은 모양을 만들기 위해서 쌓기나무가 몇 개 필요한지 알아보려고 합니다. 물음에 답하시오. [7~10]

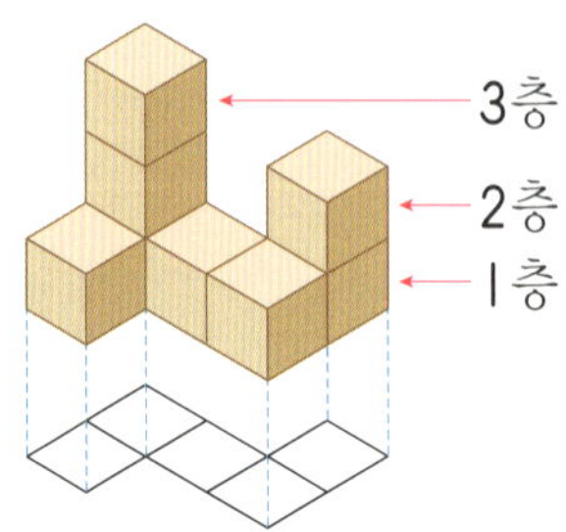

7 3층에 쌓을 쌓기나무는 몇 개입니까?

[답]

8 2층에 쌓을 쌓기나무는 몇 개입니까?

[답]

9 1층에 쌓을 쌓기나무는 몇 개입니까?

[답]

10 필요한 쌓기나무는 모두 몇 개입니까?

[답]

 사고력 학습

★ 이름 :

★ 날짜 :

★ 시간 :　　시　　분 ~ 　　시　　분

◆ **쌓기나무의 각 자리, 각 층별로 나누어 개수 구하기(2)** ◆

🐸 쌓여 있는 쌓기나무 모양을 보고 빈칸에 알맞은 수를 써넣으시오. [1~3]

1

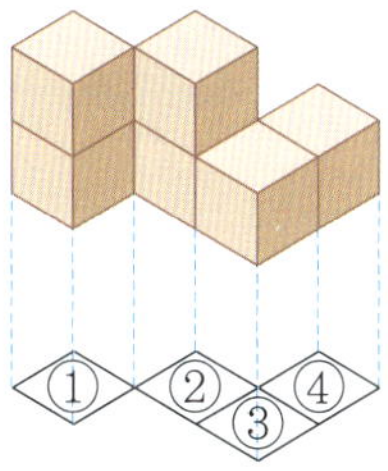

자리	①	②	③	④	계
쌓기나무의 수(개)					

2

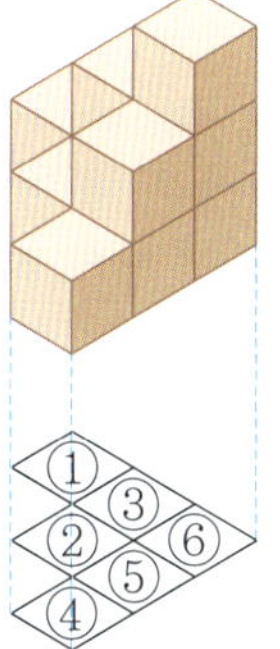

자리	①	②	③	④	⑤	⑥	계
쌓기나무의 수(개)							

3

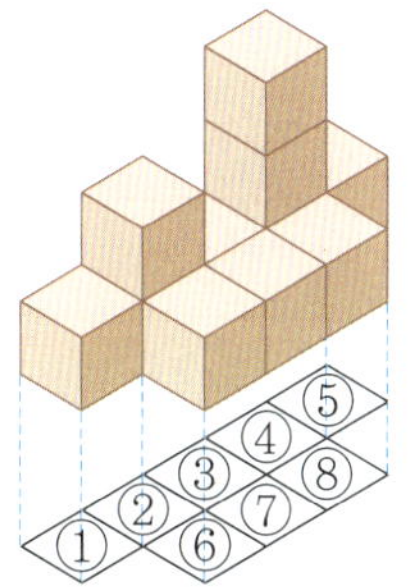

자리	①	②	③	④	⑤	⑥	⑦	⑧	계
쌓기나무의 수(개)									

🐸 쌓여 있는 쌓기나무 모양을 보고 빈칸에 알맞은 수를 써넣으시오. [4~6]

4

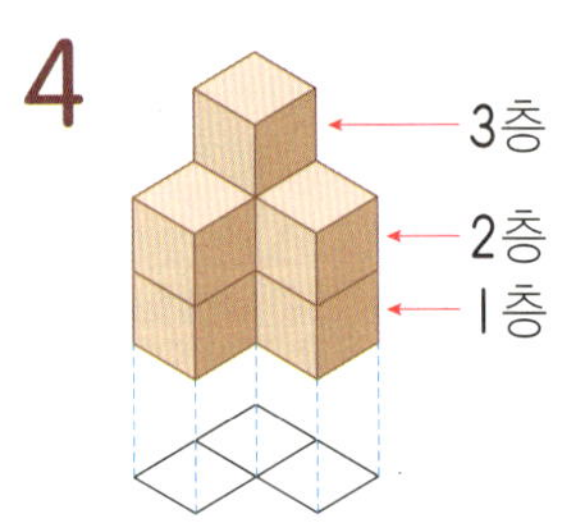

층	3층	2층	1층	계
쌓기나무의 수(개)				

5

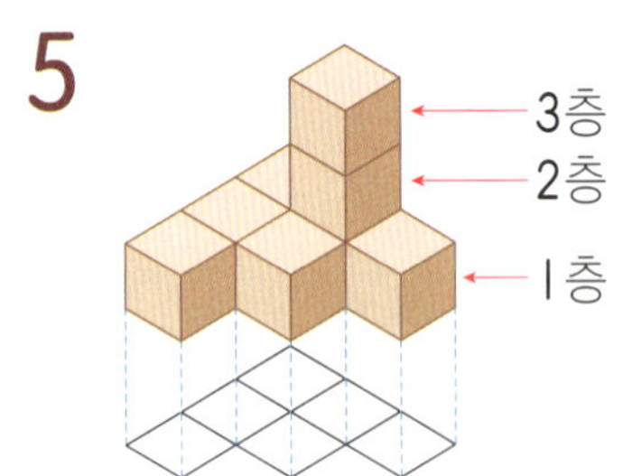

층	3층	2층	1층	계
쌓기나무의 수(개)				

6

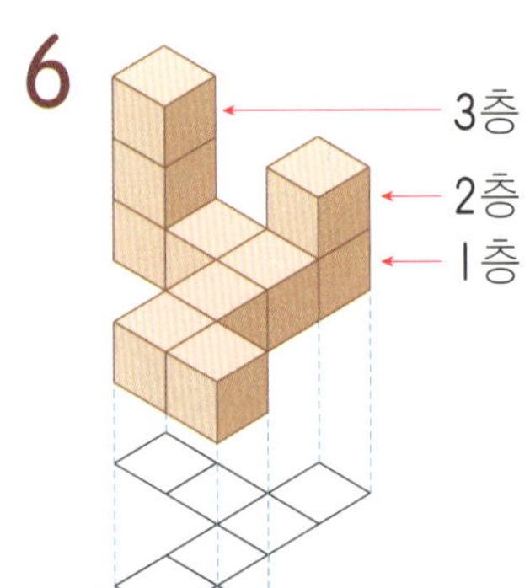

층	3층	2층	1층	계
쌓기나무의 수(개)				

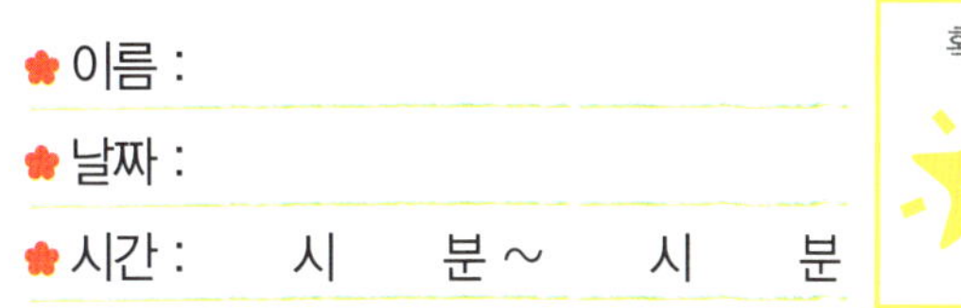

◆ 쌓기나무의 각 자리, 각 층별로 나누어 개수 구하기(3) ◆

그림과 같은 모양을 만들기 위해서 필요한 쌓기나무의 개수를 구하시오. [1~2]

1

[답]

2

[답]

3 그림과 같은 모양을 만들기 위해서 필요한 쌓기나무의 개수가 적은 것부터 차례로 쓰시오.

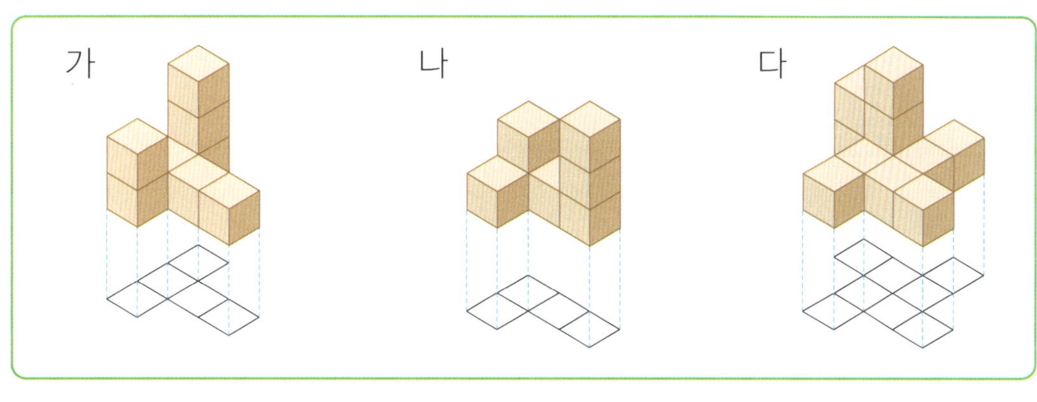

[답]

4 강현이는 쌓기나무를 5개 가지고 있습니다. 오른쪽과 같은
모양을 만들려면 쌓기나무는 몇 개 더 필요합니까?

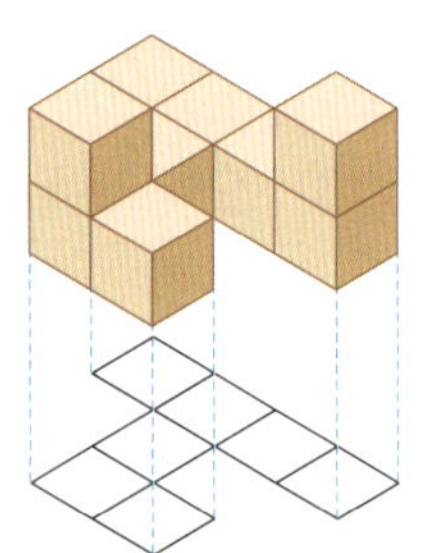

[답]

5 우진이와 주리가 오른쪽과 같은 모양을
만들었습니다. 우진이가 쌓았던 쌓기나
무들로 다시 주리가 쌓은 모양과 똑같이
쌓으면 쌓기나무는 몇 개 남습니까?

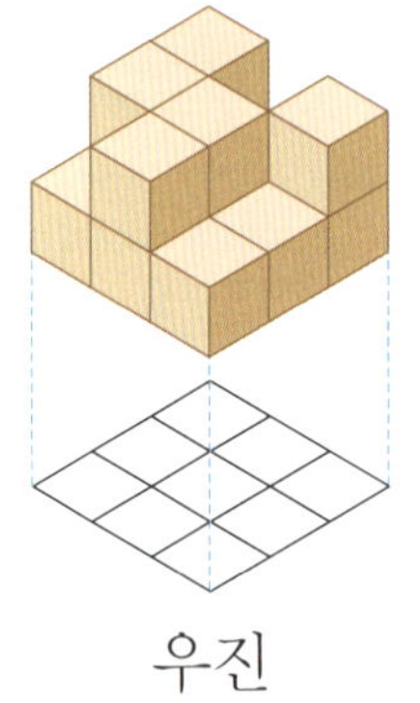 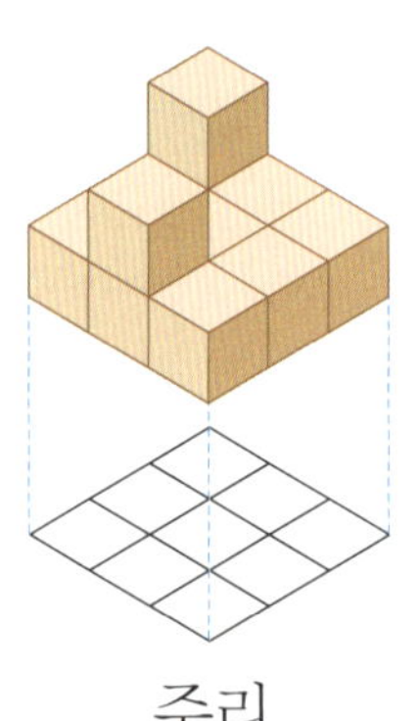

우진 주리

[답]

6 쌓기나무의 개수가 다른 하나를 찾아 쓰시오.

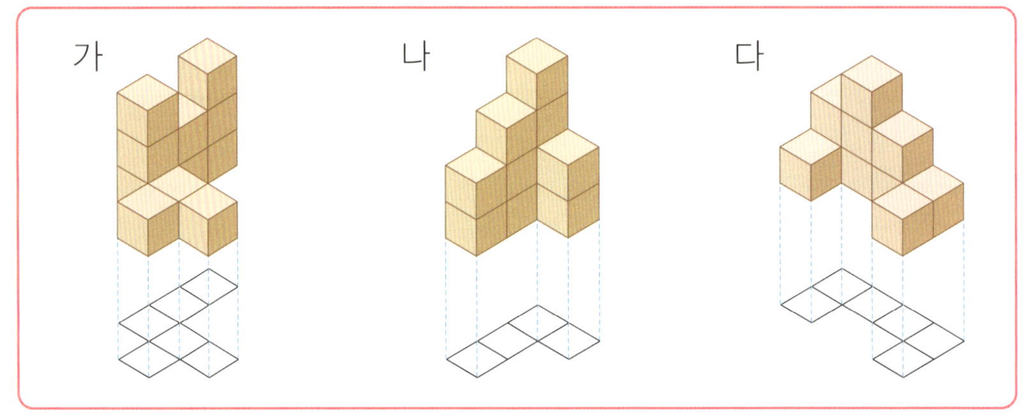

[답]

★ 이름 :

★ 날짜 :

★ 시간 :　시　분 ~ 시　분

확인

◆ 규칙 찾기(1) ◆

🐸 쌓기나무로 만든 모양의 규칙을 찾아보려고 합니다. 물음에 답하시오. [1~4]

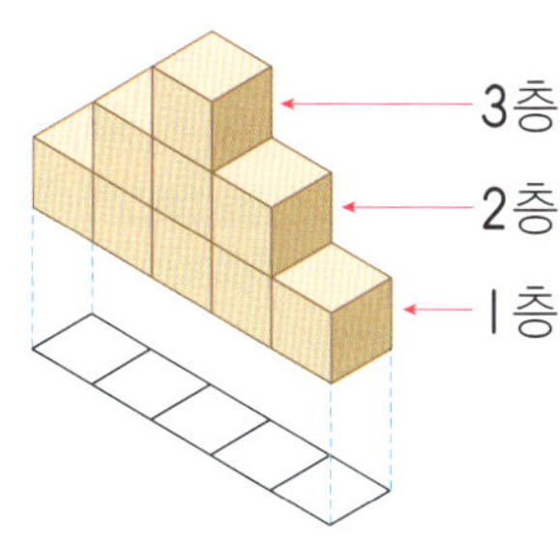

1 1층, 2층, 3층에는 각각 몇 개의 쌓기나무를 사용했는지 차례로 쓰시오.

[답]

2 위로 올라가면서 쌓기나무의 개수는 어떻게 변하고 있습니까?

[답]

3 1층과 2층의 쌓기나무의 모양은 어떻게 변했습니까?

[답]

4 어떤 규칙에 따라 쌓았습니까?

[답]

사고력 학습

5 쌓기나무로 만든 모양을 보고 물음에 답하시오.

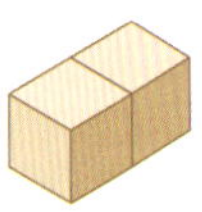 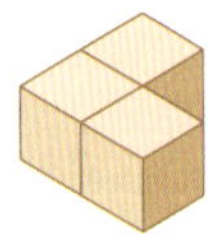 

?

(1) 쌓기나무로 만든 모양들의 규칙을 쓰시오.

[답]

(2) 네 번째에 올 모양을 만들기 위해서는 쌓기나무가 몇 개 필요합니까?

[답]

6 쌓기나무로 만든 모양을 보고 물음에 답하시오.

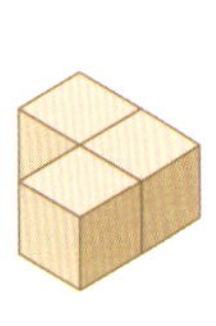  

?

(1) 쌓기나무로 만든 모양들의 규칙을 쓰시오.

[답]

(2) 네 번째에 올 모양을 만들기 위해서는 쌓기나무가 몇 개 필요합니까?

[답]

✿ 이름 :

✿ 날짜 :

✿ 시간 :　　시　　분 ~　　시　　분

확인

◆ 규칙 찾기(2) ◆

1 쌓기나무로 만든 모양을 보고 어떤 규칙으로 쌓았는지 쓰시오.

[답]

2 오른쪽 쌓기나무로 만든 모양이 가지고 있는 규칙에 맞게 쌓기나무를 위로 한 층 더 쌓으려고 합니다. 쌓기나무는 몇 개 더 필요합니까?

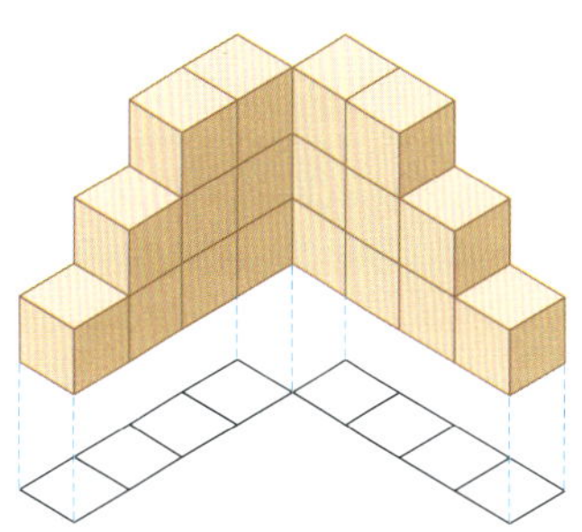

[답]

3 다음과 같은 규칙으로 쌓기나무를 쌓을 때 네 번째에 올 모양을 만들기 위해서는 쌓기나무가 몇 개 필요합니까?

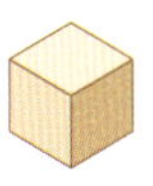 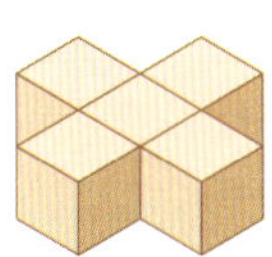 

?

[답]

4 다음과 같은 규칙으로 쌓기나무를 쌓을 때 세 번째에 올 모양을 만들기 위해서는 쌓기나무가 몇 개 필요합니까?

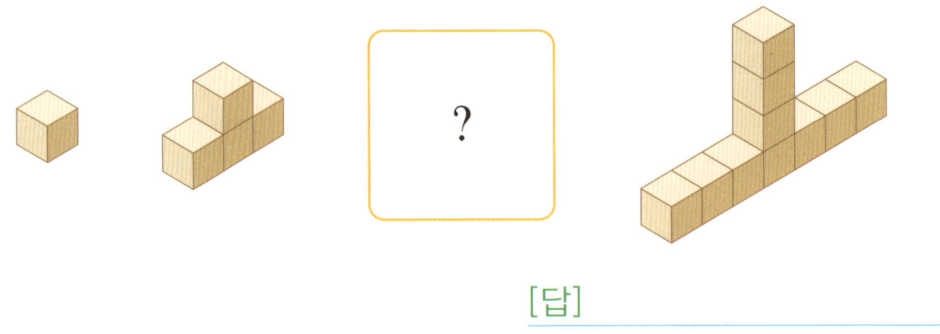

[답]

5 오른쪽 쌓기나무로 만든 모양의 규칙을 설명한 것 중 옳지 않은 것을 찾아 기호를 쓰시오.

㉠ 규칙에 맞게 위로 한 층을 더 쌓을 때 필요한 쌓기나무의 개수는 4개입니다.

㉡ 쌓기나무를 4개, 5개씩 번갈아가며 쌓았습니다.

㉢ 서로 엇갈리게 쌓았습니다.

㉣ 위로 갈수록 쌓기나무의 개수가 1개씩 늘어납니다.

[답]

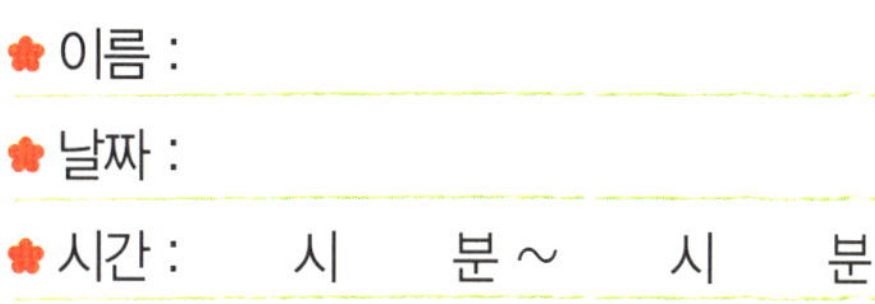

◆ 쌓기나무로 만든 것의 위, 앞, 옆에서 본 모양 알기(1) ◆

쌓기나무로 다음과 같이 만들었습니다. 물음에 답하시오. [1~3]

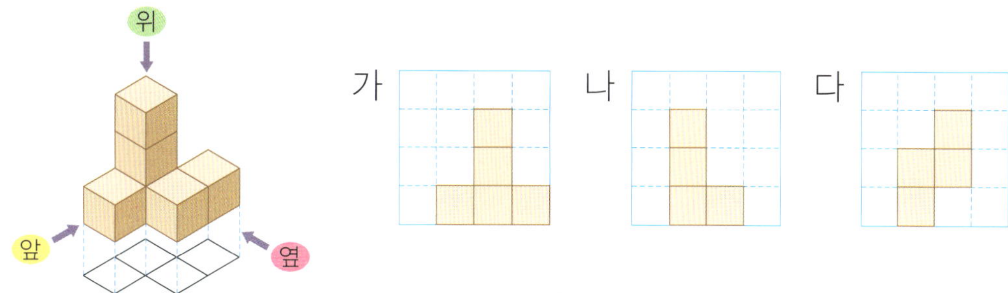

1 위에서 본 모양을 그린 것을 찾아 쓰시오.

[답]

2 앞에서 본 모양을 그린 것을 찾아 쓰시오.

[답]

3 옆에서 본 모양을 그린 것을 찾아 쓰시오.

[답]

4 다음 그림은 쌓기나무 모양의 앞과 옆 중 어느 쪽에서 본 모양을 그린 것인지 알맞은 것에 ◯표 하시오.

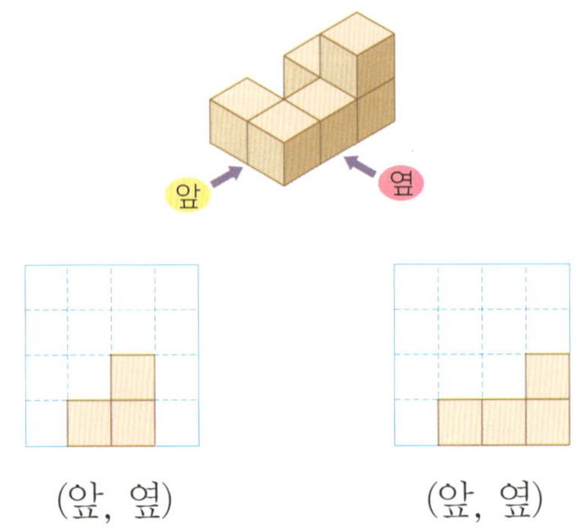

(앞, 옆)　　　　　(앞, 옆)

5 다음 그림은 쌓기나무 모양의 앞과 옆 중 어느 쪽에서 본 모양을 그린 것인지 알맞은 것에 ◯표 하시오.

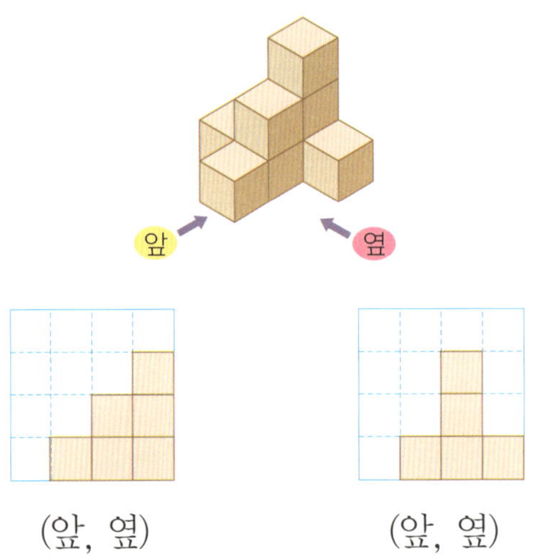

(앞, 옆)　　　　　(앞, 옆)

✿ 이름 :
✿ 날짜 :
✿ 시간 : 시 분 ~ 시 분

확인

◆ 쌓기나무로 만든 것의 위, 앞, 옆에서 본 모양 알기(2) ◆

1 쌓기나무 7개로 만든 모양입니다. 위, 앞, 옆에서 본 모양을 각각 그려 보시오.

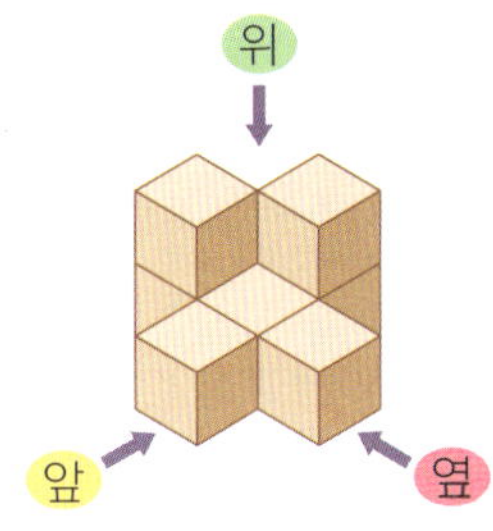

위

앞

옆

2 쌓기나무 8개로 만든 모양입니다. 위, 앞, 옆에서 본 모양을 각각 그려 보시오.

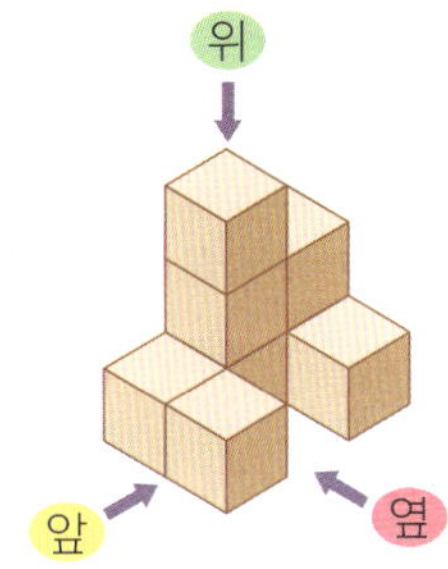

위

앞

옆

3 쌓기나무 10개로 만든 모양입니다. 위, 앞, 옆에서 본 모양을 각각 그려 보시오.

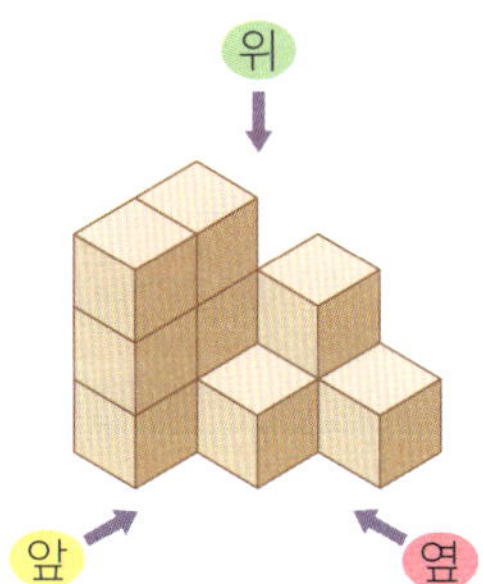

위

앞

옆

4 쌓기나무 9개로 만든 모양입니다. 앞에서 본 모양이 다른 하나를 찾아 쓰시오.

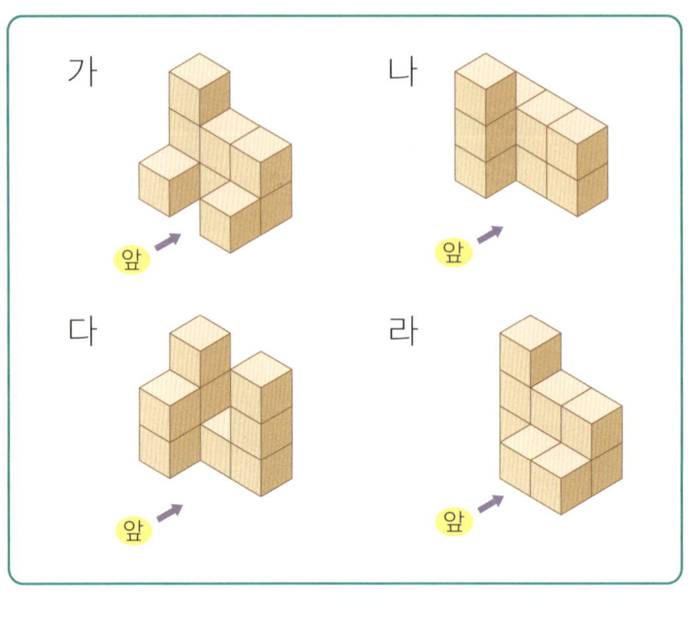

[답] ______________________

5 오른쪽 그림은 쌓기나무를 쌓아 만든 모양을 위에서 내려다 본 그림입니다. 각 칸에 있는 숫자는 그 칸 위에 쌓아 올린 쌓기나무의 개수입니다. 이 모양을 앞과 옆에서 본 모양을 각각 그려 보시오.

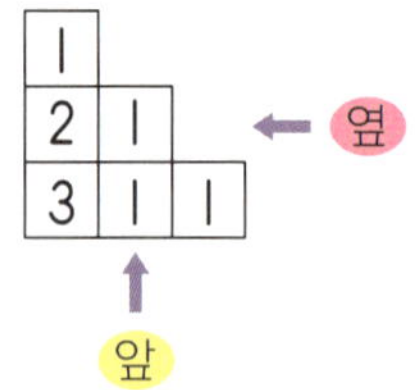

앞

옆

사고력 학습

◆ 쌓기나무로 만든 것의 위, 앞, 옆에서 본 모양 알기(3) ◆

1 오른쪽 그림은 쌓기나무를 쌓아 만든 모양을 위에서 내려다 본 그림입니다. 각 칸에 있는 숫자는 그 칸 위에 쌓아 올린 쌓기나무의 개수입니다. 오른쪽 그림과 옆에서 본 모양이 같게 쌓은 사람은 누구입니까?

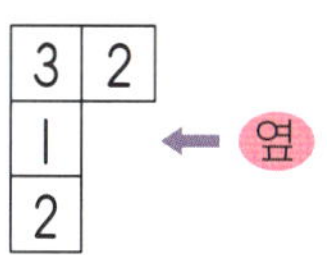

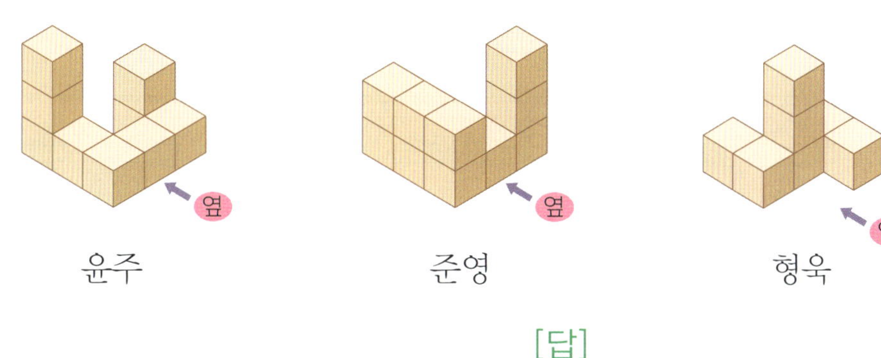

[답]

2 위, 앞, 옆에서 본 모양이 다음과 같이 되도록 만들 때, 쌓기나무는 몇 개 필요합니까?

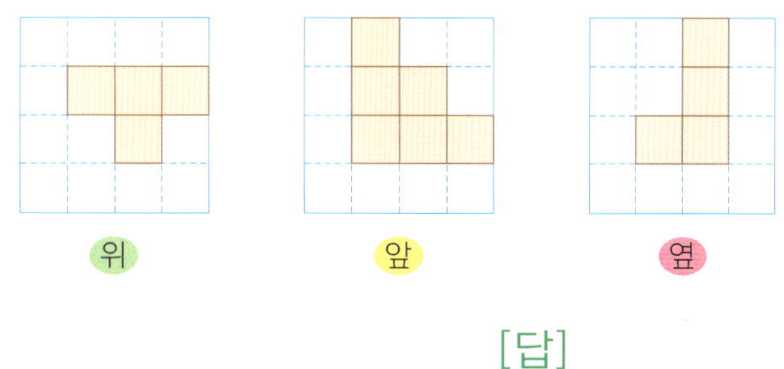

[답]

사고력 학습

3 쌓기나무 8개로 쌓은 모양의 위, 앞, 옆에서 본 모양이 다음과 같은 것을 찾아 쓰시오.

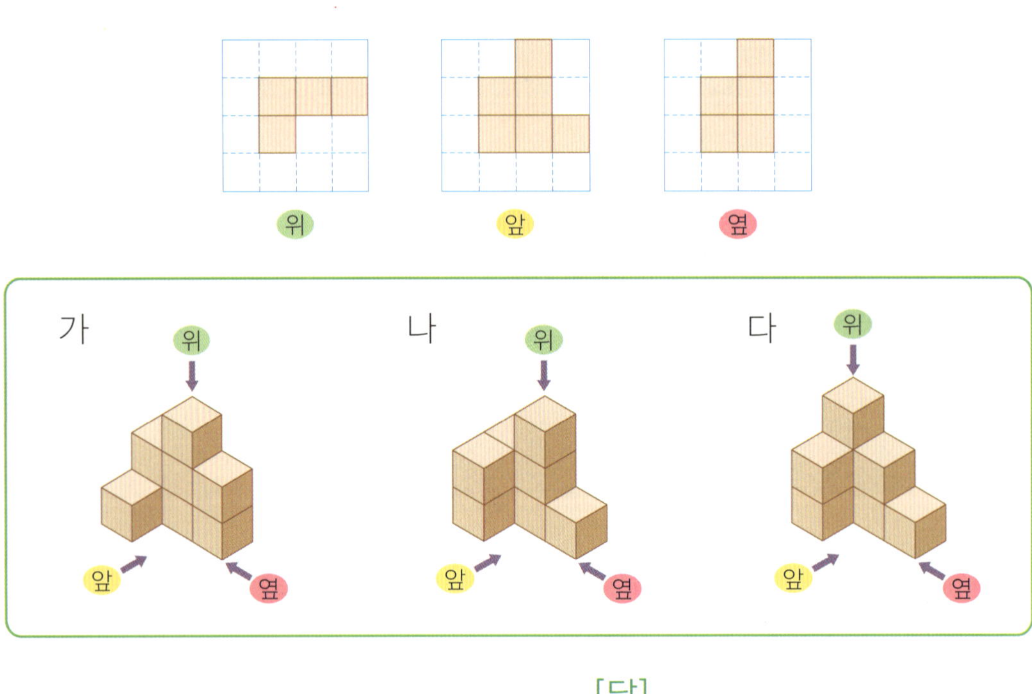

[답]

4 오른쪽은 쌓기나무 12개로 만든 모양입니다. 오른쪽 모양에서 파란색 쌓기나무 2개를 빼낸 후 위, 앞, 옆에서 본 모양을 각각 그려 보시오.

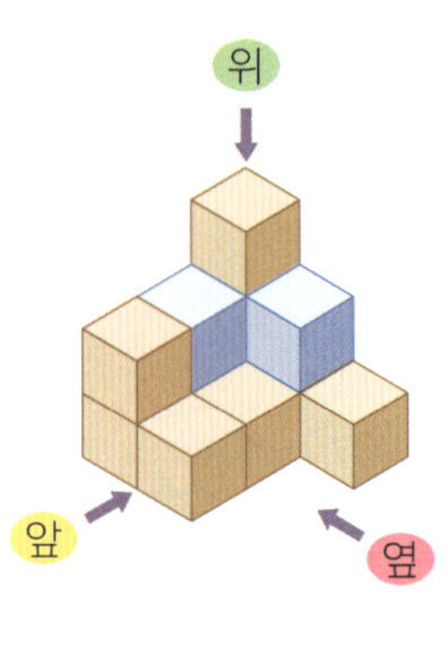

위

앞

옆

◆ 여러 가지 입체도형의 위, 앞, 옆에서 본 모양(1) ◆

입체도형을 위, 앞, 옆에서 본 모양을 각각 그린 것입니다. 물음에 답하시오. [1~3]

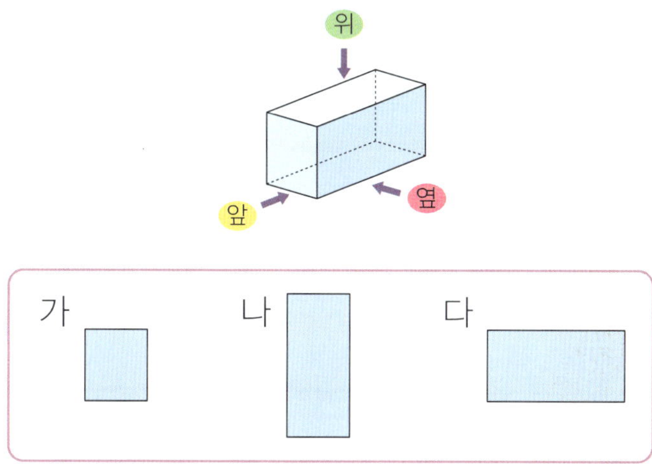

1 위에서 본 모양을 그린 것을 찾아 쓰시오.

[답]

2 앞에서 본 모양을 그린 것을 찾아 쓰시오.

[답]

3 옆에서 본 모양을 그린 것을 찾아 쓰시오.

[답]

사고력 학습

4 입체도형을 위에서 본 모양을 그린 것을 찾아 쓰시오.

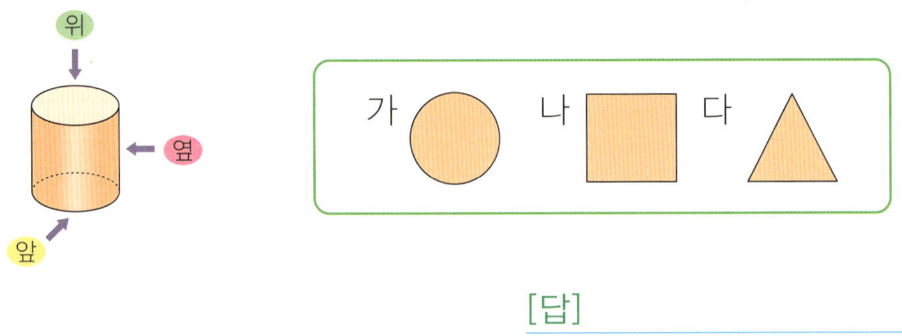

[답]

5 입체도형을 앞에서 본 모양을 그린 것을 찾아 쓰시오.

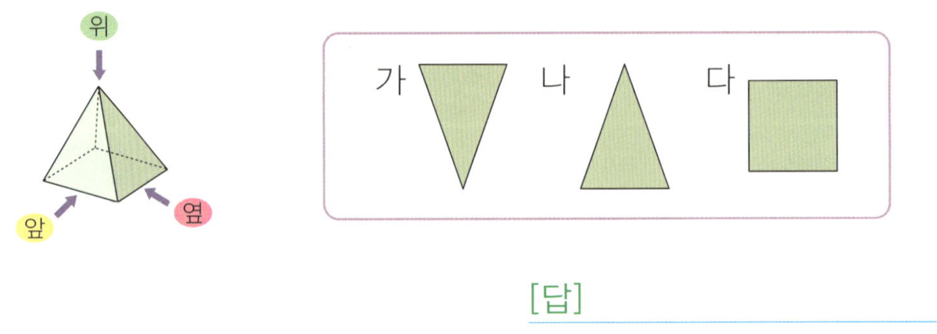

[답]

6 입체도형을 옆에서 본 모양을 그린 것을 찾아 쓰시오.

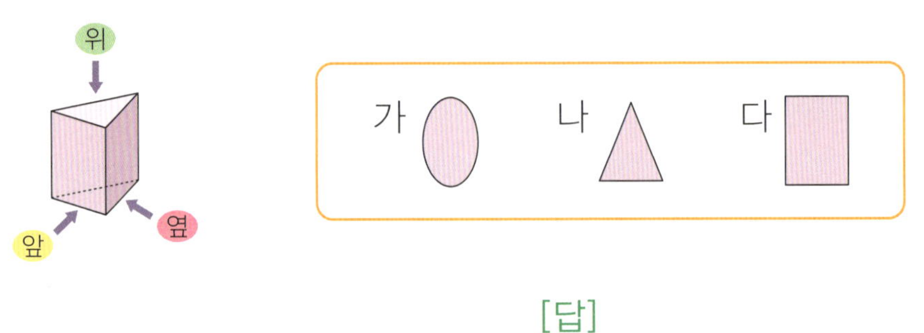

[답]

사고력 학습

◆ 여러 가지 입체도형의 위, 앞, 옆에서 본 모양(2) ◆

1 앞에서 본 모양이 다른 하나를 찾아 쓰시오.

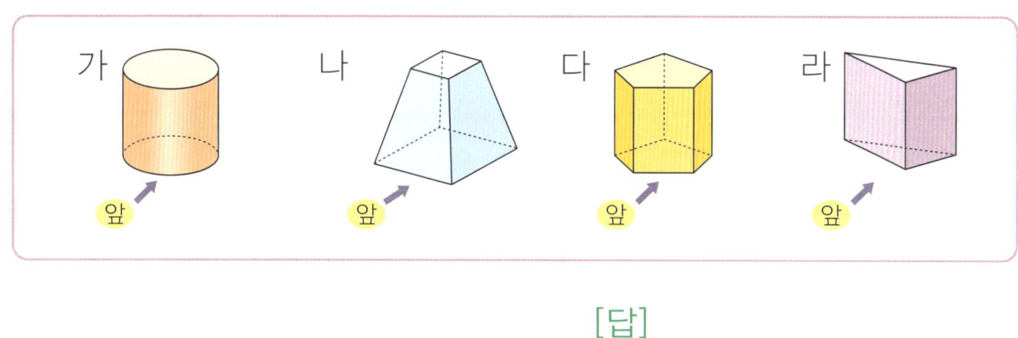

[답] ________________________

🐸 입체도형을 위, 앞, 옆에서 본 모양을 각각 그려 보시오. [2~3]

2

위	앞	옆

3
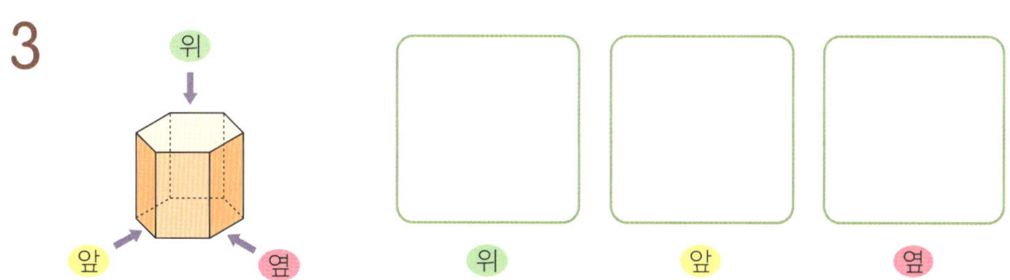

위	앞	옆

사고력 학습

4 다음 입체도형 중 옆에서 본 모양이 오른쪽 입체도형을 앞에
서 본 모양과 같은 것을 찾아 쓰시오.

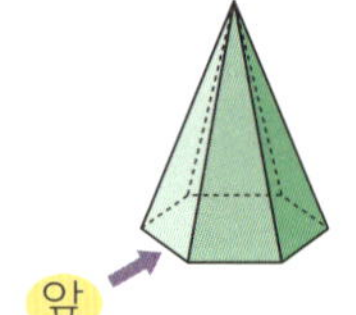

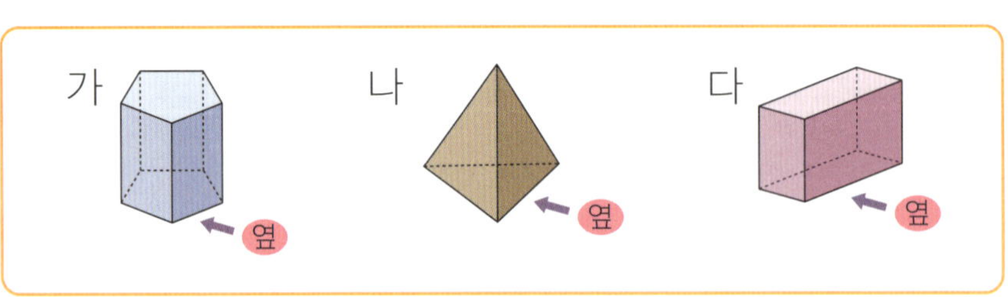

[답] ______________________________

입체도형을 위, 앞, 옆에서 본 그림을 보고 입체도형을 그려 보시오. [5~6]

5

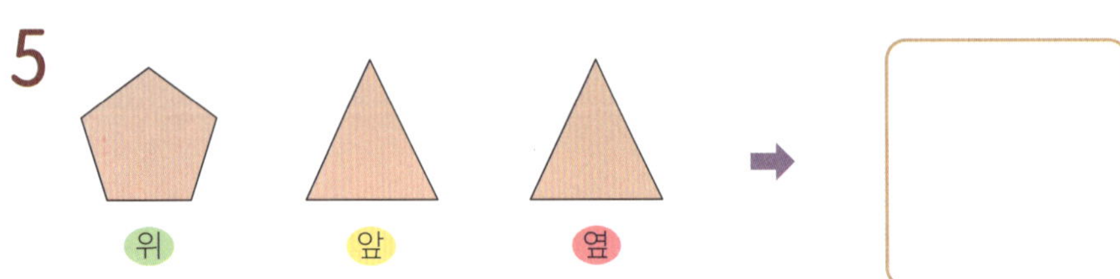

6

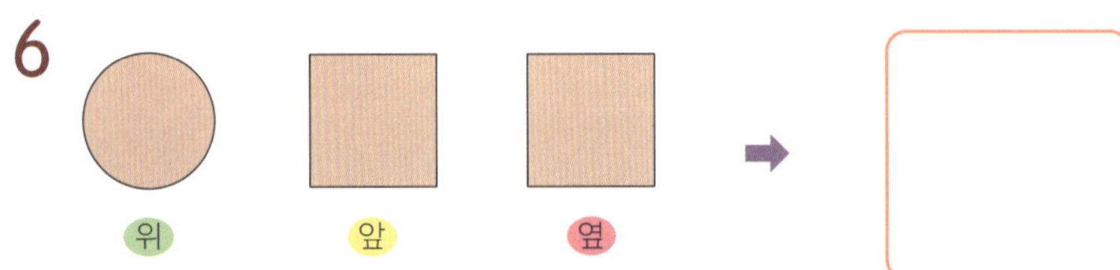

 사고력 학습

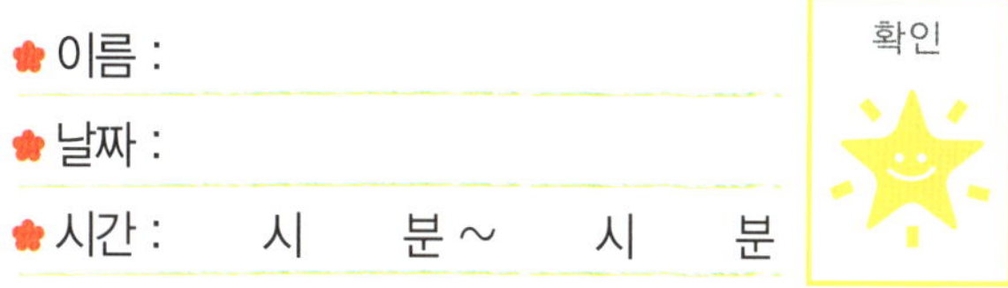

✿ 이름 :
✿ 날짜 :
✿ 시간 : 시 분 ~ 시 분

확인

◆ **여러 가지 생활 속 건축물의 위, 앞, 옆에서 본 모양** ◆

건축물을 위, 앞, 옆에서 본 모양을 각각 그린 것입니다. 물음에 답하시오. [1~3]

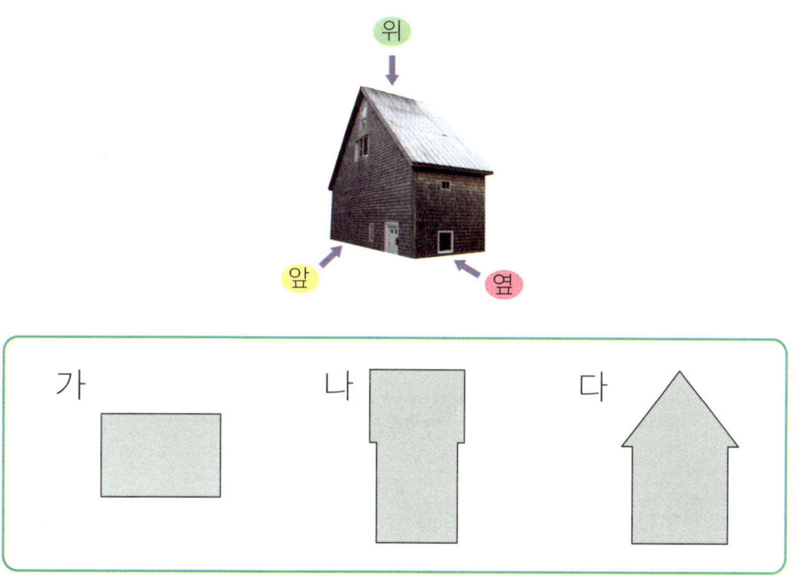

1 위에서 본 모양을 그린 것을 찾아 쓰시오.

[답]

2 앞에서 본 모양을 그린 것을 찾아 쓰시오.

[답]

3 옆에서 본 모양을 그린 것을 찾아 쓰시오.

[답]

사고력 학습

4 오른쪽 건축물의 위, 앞, 옆에서 본 모양을 잘못 그린 것을 찾아 쓰시오.

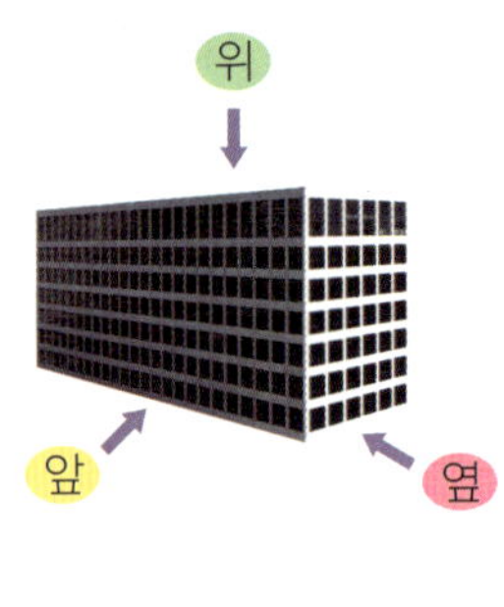

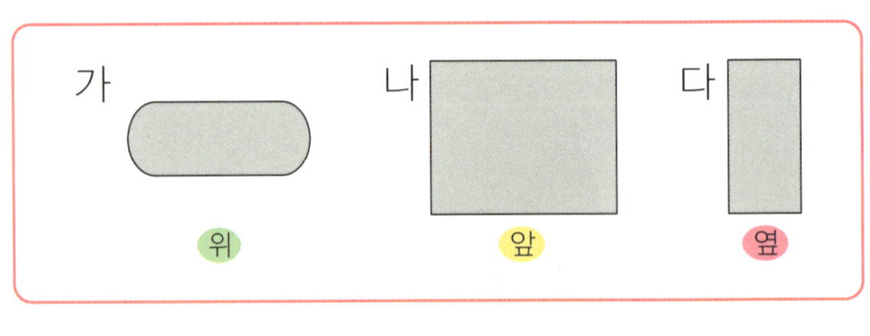

[답] ______________________

건축물을 주어진 방향에서 본 모양을 그려 보시오. [5~6]

7 다음 사각뿔 모양 건축물의 위, 앞, 옆에서 본 모양을 각각 그려 보시오.

사고력 학습

 창의력 학습

다음 그림은 유리 상자에 블럭을 넣고 쌓아 놓은 것을 위에서 본 모습입니다. 가 방향과 나 방향에서 이 유리 상자를 보았을 때의 그림을 보고 다 방향에서 보았을 때의 그림을 그려 보시오.

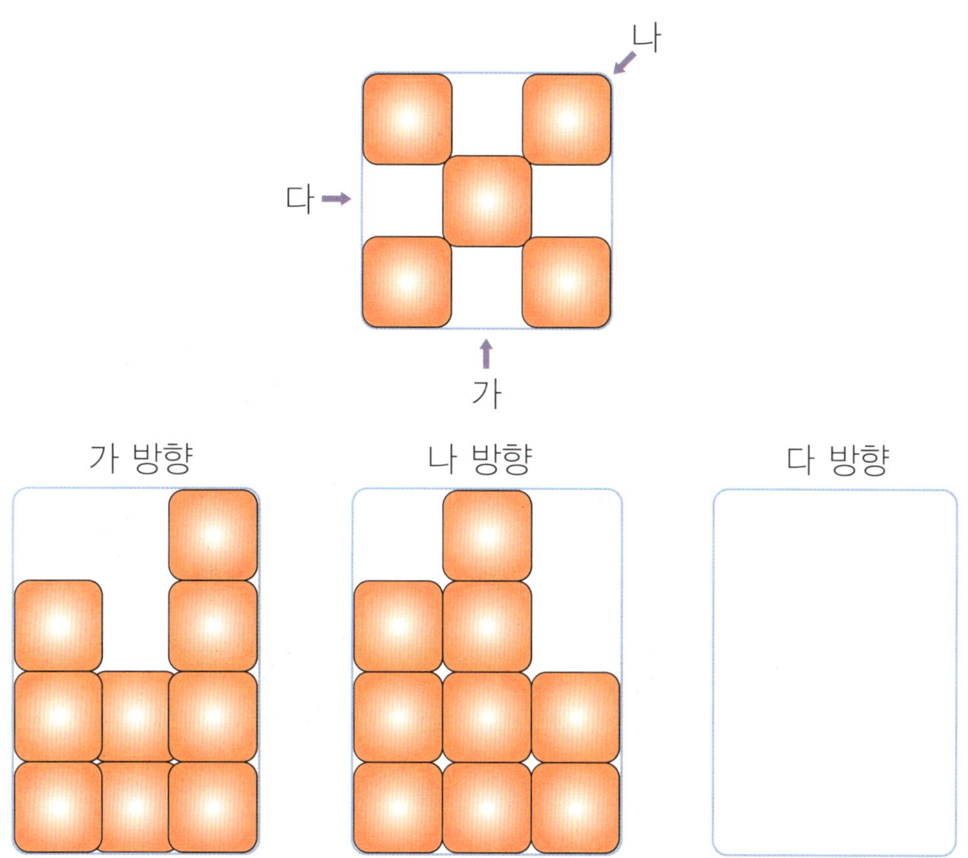

개미와 베짱이가 결혼을 했습니다. 정육면체 모양의 돌로 다음 조건에 맞는 신혼 집을 지으려고 합니다. 정육면체 모양의 돌은 몇 개 필요합니까?

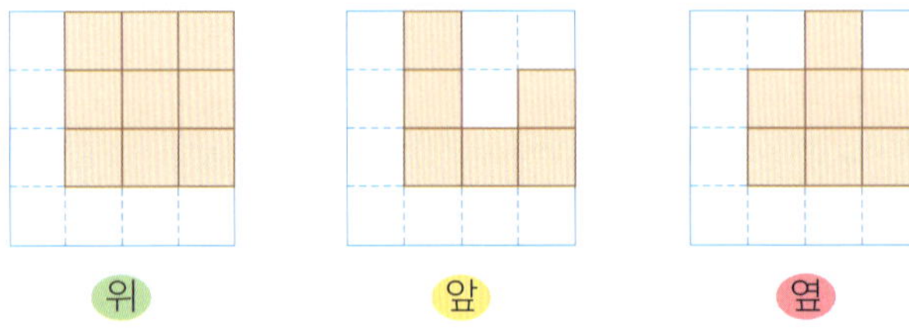

- 위, 앞, 옆에서 본 모양이 다음과 같아야 합니다.

- 정육면체 모양의 돌의 개수를 최대한 사용하여 지어야 합니다.

[답]

★ 이름 :

★ 날짜 :

★ 시간 :　　시　　분 ~ 　　시　　분

확인

 경시대회 예상문제

1 세 사람이 쌓은 쌓기나무는 모두 몇 개입니까?

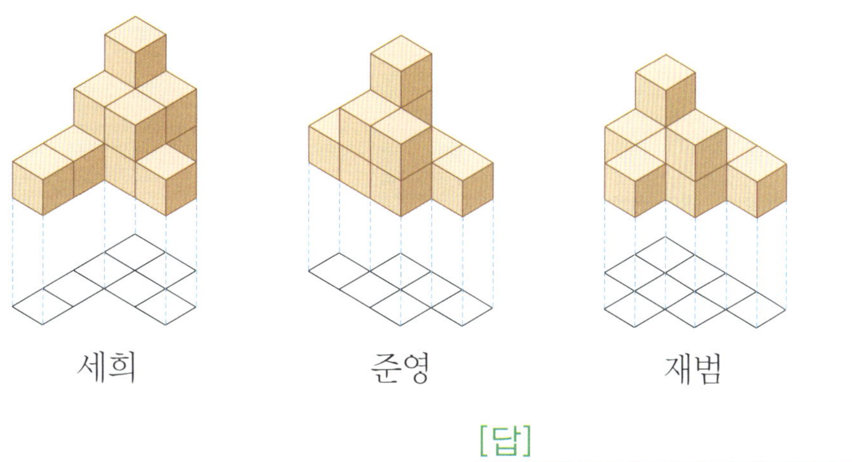

세희　　　　　　준영　　　　　　재범

[답]

2 왼쪽과 같은 정육면체 모양에서 쌓기나무를 몇 개 빼내었더니 오른쪽과 같은 모양이 되었습니다. 빼낸 쌓기나무는 몇 개입니까?

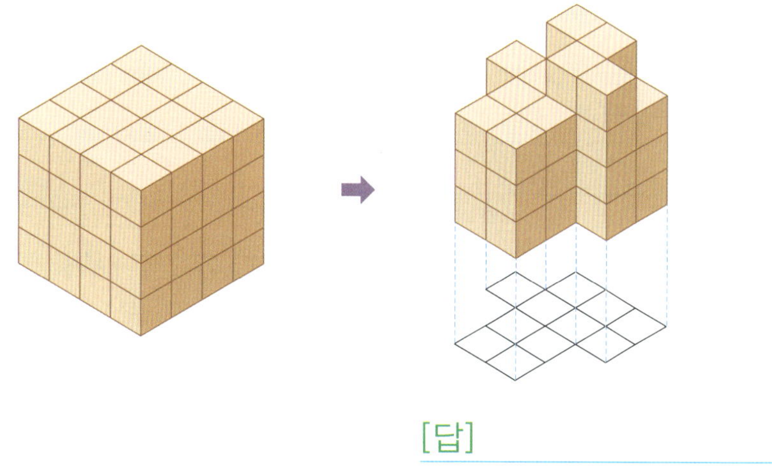

[답]

3 쌓기나무를 오른쪽 그림과 같이 일정한 규칙으로 7층까지 쌓는다면 사용되는 쌓기나무는 몇 개인지 풀이 과정을 쓰고 답을 구하시오.

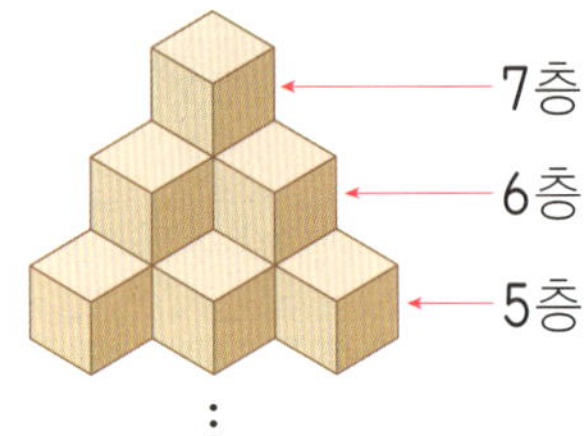

____

____

[답] _______________________________________

4 오른쪽 그림과 같이 일정한 규칙으로 쌓기나무를 쌓았습니다. 쌓기나무가 모두 50개일 때 몇 층까지 쌓은 것입니까?

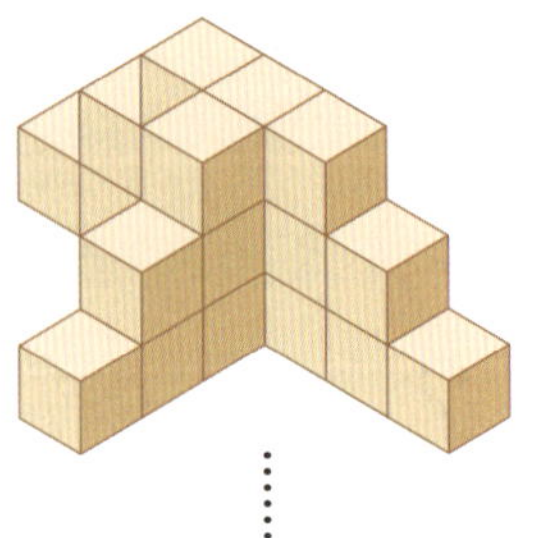

[답] _______________________________________

5 오른쪽 그림은 한 모서리의 길이가 4cm인 정육면체 모양의 쌓기나무 12개로 쌓은 것입니다. 쌓기나무를 앞에서 본 모양의 넓이는 몇 cm^{2}입니까?

[답] _______________________________________

6 오른쪽 쌓기나무 16개로 만든 모양에서 한 개의 쌓기나무를 빼내려고 합니다. 위, 앞, 옆에서 본 모양이 변하지 않으려면 어느 것을 빼내야 하는지 기호를 쓰시오.

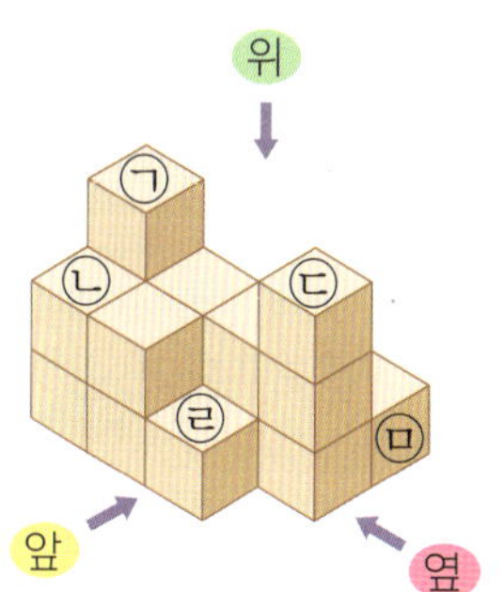

[답] _______________________

7 위, 앞, 옆에서 본 모양이 다음과 같이 되도록 쌓기나무로 만들려고 합니다. 쌓기나무를 가장 많이 사용할 때의 개수와 가장 적게 사용할 때의 개수의 차는 몇 개입니까?

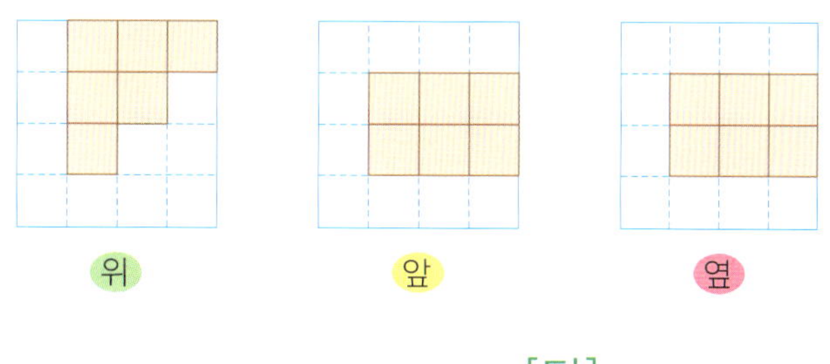

[답] _______________________

8 위, 앞, 옆에서 본 모양이 다음과 같이 되도록 쌓기나무로 만들려고 합니다. 쌓기나무를 가장 많이 사용하여 만들려고 할 때 쌓기나무 70개로 똑같은 쌓기나무 모양 몇 개를 만들 수 있습니까?

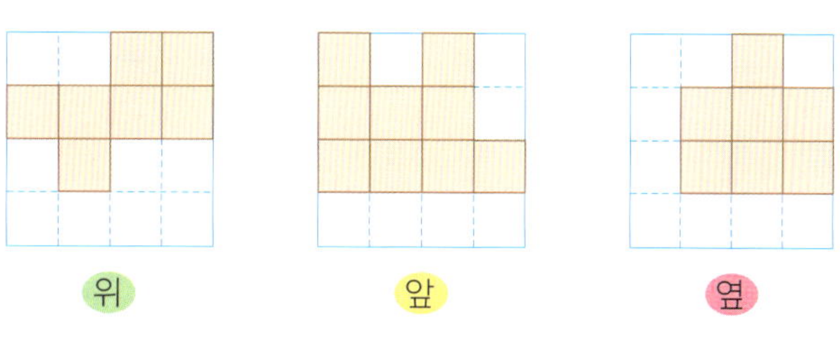

[답] _______________________

9 유준이와 원희가 만든 쌓기나무를 위, 앞, 옆에서 본 모양입니다. 쌓기나무를 더 많이 사용한 사람은 누구인지 풀이 과정을 쓰고 답을 구하시오.

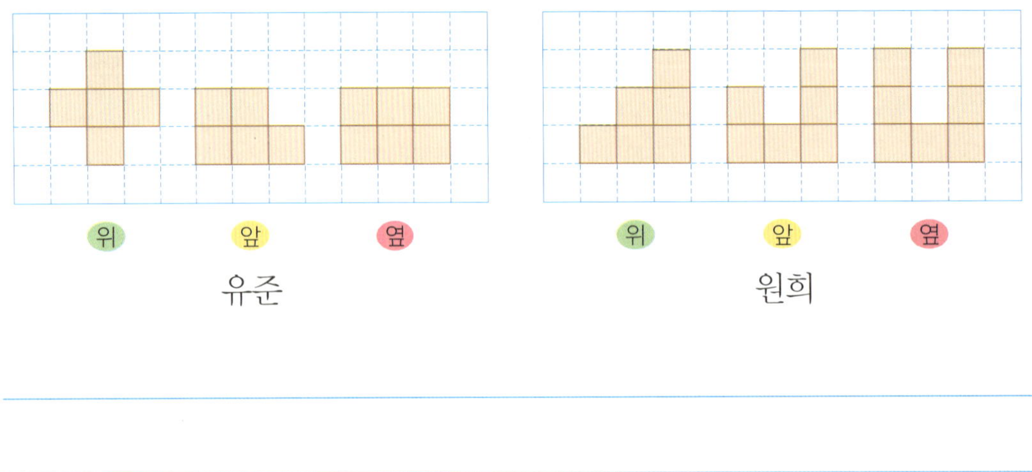

[답]

10 오른쪽 전개도를 접었을 때 만들어지는 입체도형을 위, 앞, 옆에서 본 모양을 각각 그려 보시오.

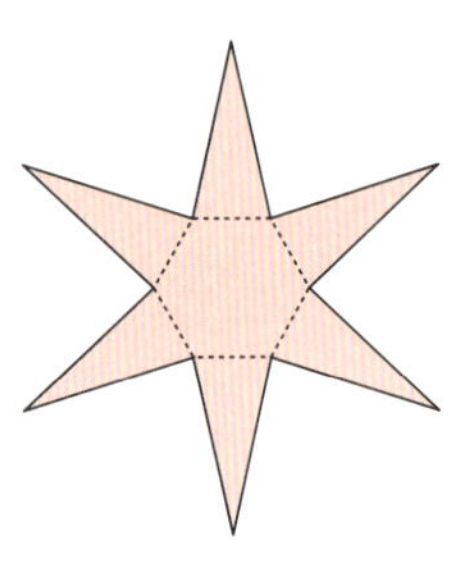

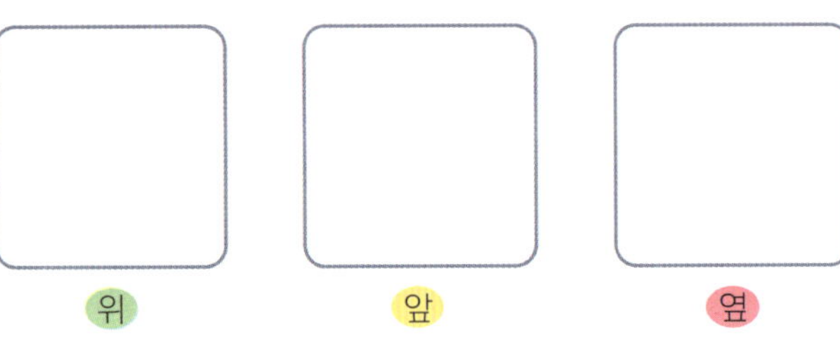

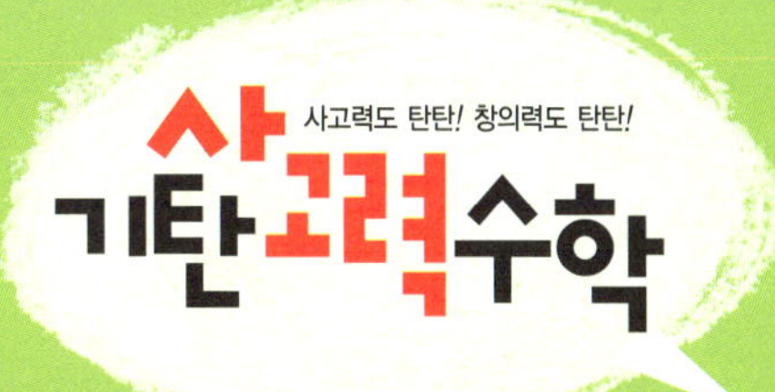

학습 관리표

학습 내용		이번 주는?
원주율과 원의 넓이	· 원주와 원주율 · 원의 넓이 어림 · 원의 넓이를 구하는 방법 · 원의 넓이 · 창의력 학습 · 경시대회 예상문제	• 학습 방법 : ① 매일매일　② 가끔　③ 한꺼번에 　　　　　하였습니다. • 학습 태도 : ① 스스로 잘　② 시켜서 억지로 　　　　　하였습니다. • 학습 흥미 : ① 재미있게　② 싫증내며 　　　　　하였습니다. • 교재 내용 : ① 적합하다고 ② 어렵다고 ③ 쉽다고 　　　　　하였습니다.
지도 교사가 부모님께		부모님이 지도 교사께
평가	Ⓐ 아주 잘함　　　Ⓑ 잘함　　　Ⓒ 보통　　　Ⓓ 부족함	

원(교)　　　　반　　이름　　　　　전화

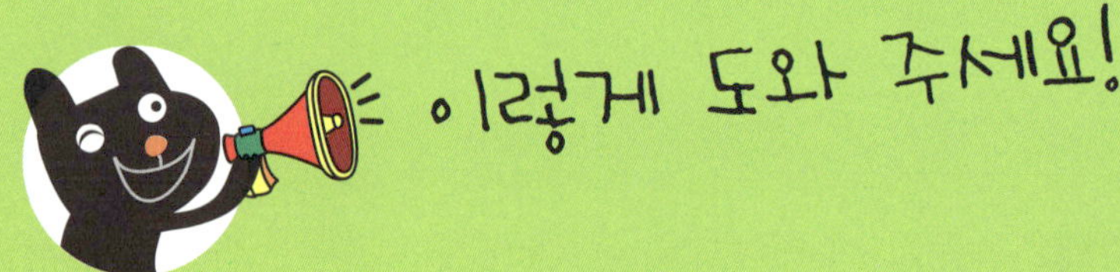

● 학습 목표
– 지름의 길이에 대한 원주의 비율이 원주율임을 이해하게 합니다.
– 원주율을 이용하여 원주를 구할 수 있습니다.
– 원의 넓이를 $1cm^2$ 크기의 모눈종이를 이용하여 어림할 수 있습니다.
– 원의 넓이를 구하는 방법을 이해하고 원의 넓이를 구할 수 있습니다.

● 지도 내용
– 지름의 길이에 대한 원주의 비율이 원주율임을 알고 그 값이 약 3.14임을 알게 합니다.
– 원주율을 이용하여 원주를 구하는 방법을 알아보게 합니다.
– 원의 지름의 길이와 정사각형의 한 변의 길이, 마름모의 한 대각선의 길이가 서로 같은 원, 정사각형, 마름모의 넓이 비교로 원의 넓이를 어림하게 합니다.
– 원의 넓이를 모눈종이를 이용하여 구해 보고 정확한 넓이를 구할 수 없음을 직감하게 합니다.
– 원의 넓이 구하는 방법을 이해하고 원의 넓이를 구하게 합니다.
– 지름의 길이를 알고 원의 넓이를 구하고, 반지름의 길이를 알고 원의 넓이를 구하게 합니다.

● 지도 요점
원주율에 대한 이해를 바탕으로 원주와 원의 넓이를 구하게 합니다. 직사각형과 평행사변형의 넓이 구하는 방법을 바탕으로 원의 넓이 구하는 방법을 유추하게 하여 원의 넓이 구하는 방법을 이해하도록 유도합니다. 원주와 원의 넓이가 활용되는 생활 속의 문제도 해결해 봅니다.

J-76a

◆ 원주와 원주율(1) ◆

- 원의 둘레의 길이를 원주라고 합니다.
- 원의 지름의 길이에 대한 원주의 비율을 원주율이라고 합니다.

$$（원주율）＝（원주）÷（지름）$$

➡ 원주율을 정확하게 계산하면 3.1415926535……와 같이 끝없이 소수로 나타난다고 합니다. 이것을 간단히 나타내기 위하여 소수 셋째 자리에서 반올림하여 3.14로 사용합니다.

1 원주와 지름의 관계를 나타낸 표입니다. 빈칸에 알맞은 수를 써넣으시오.

원주	지름	（원주）÷（지름）
9.42cm	3cm	
21.98cm	7cm	

2 다음 중 옳지 않은 것을 찾아 기호를 쓰시오.

> ㉠ 지름의 길이가 달라지면 원주도 달라집니다.
> ㉡ 원주율은 반올림하여 3.14로 사용합니다.
> ㉢ 원주는 원의 둘레의 길이입니다.
> ㉣ 원주율은 원의 반지름의 길이에 대한 원주의 비율입니다.

[답]

3 (원주율)=(원주)÷(지름)을 이용하여 원주를 구하는 방법을 알아보려고 합니다. ☐ 안에 알맞은 말을 써넣으시오.

$$(\text{원주율})=(\text{원주})\div(\text{지름}) \Rightarrow (\text{원주})=(\boxed{})\times(\text{원주율})$$
$$=(\boxed{})\times 2 \times 3.14$$

원주를 구하려고 합니다. ☐ 안에 알맞은 수를 써넣으시오. [4~7]

4

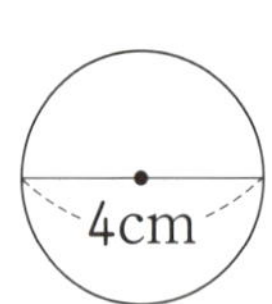

$$(\text{원주})=\boxed{}\times 3.14$$
$$=\boxed{}(\text{cm})$$

5

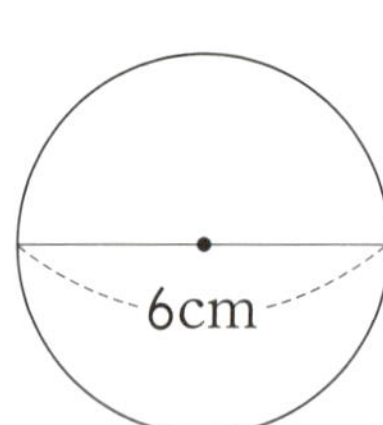

$$(\text{원주})=6\times\boxed{}$$
$$=\boxed{}(\text{cm})$$

6

$$(\text{원주})=\boxed{}\times 2 \times 3.14$$
$$=\boxed{}(\text{cm})$$

7

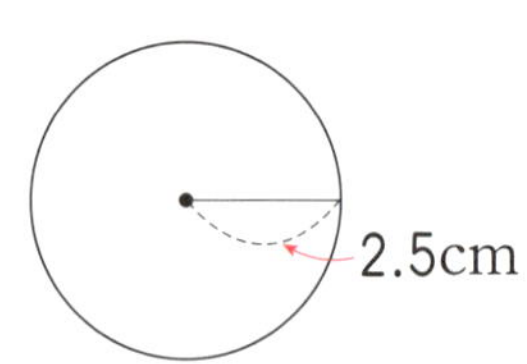

$$(\text{원주})=\boxed{}\times 2 \times 3.14$$
$$=\boxed{}(\text{cm})$$

사고력 학습

★ 이름 :

★ 날짜 :

★ 시간 :　　시　　분 ~　　시　　분

확인

◆ **원주와 원주율(2)** ◆

🐸　원주를 구하시오. [1~6]

1

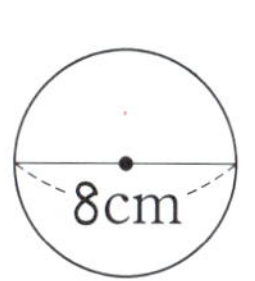

[답]

2

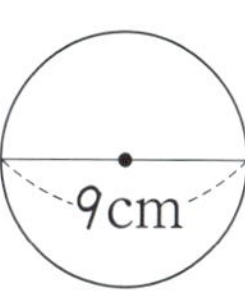

[답]

3

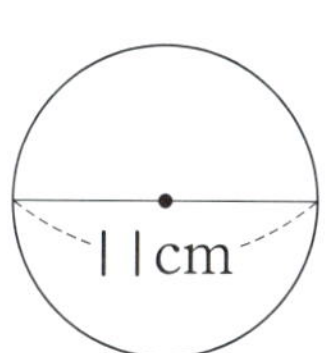

[답]

4

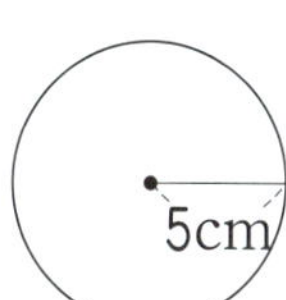

[답]

5

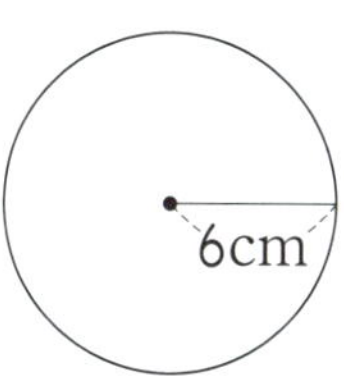

[답]

6

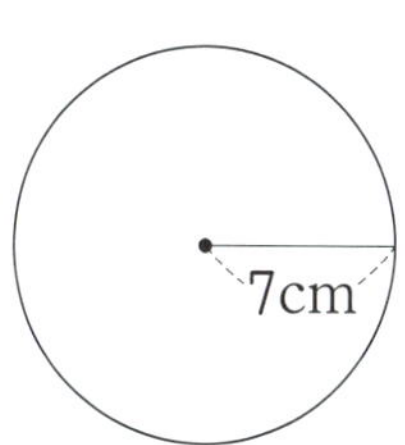

[답]

7 지름이 7cm인 원의 원주는 몇 cm입니까?

[답]

8 반지름이 8cm인 원의 원주는 몇 cm입니까?

[답]

9 원주가 56.52cm인 원이 있습니다. 이 원의 지름은 몇 cm입니까?

[답]

10 원주가 94.2cm인 원이 있습니다. 이 원의 반지름은 몇 cm입니까?

[답]

 사고력 학습

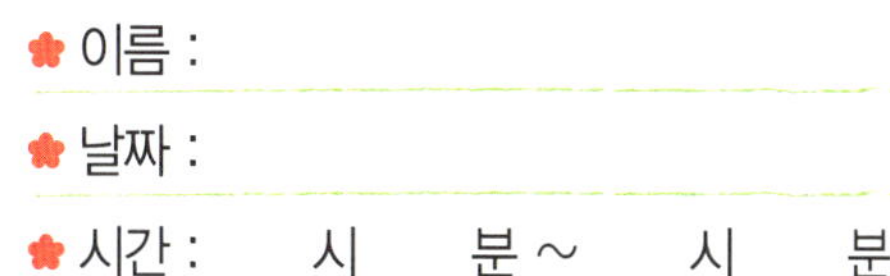

◆ 원주와 원주율(3) ◆

1 두 원의 원주의 차는 몇 cm입니까?

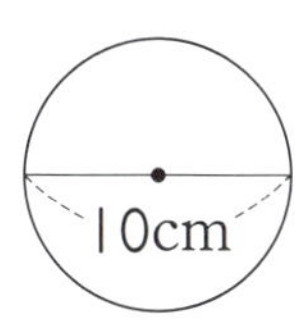

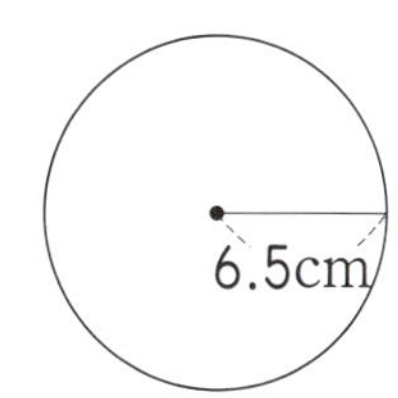

[답]

2 원의 중심이 같은 두 원의 원주의 합은 몇 cm입니까?

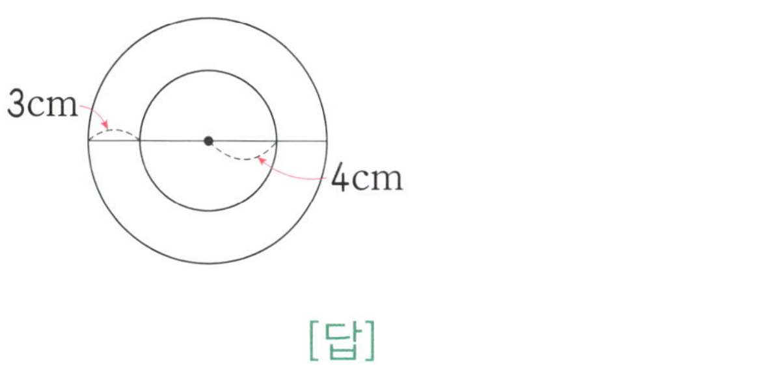

[답]

3 두 원의 지름의 합은 몇 cm입니까?

> ㉠ 원주가 43.96cm인 원
> ㉡ 원주가 40.82cm인 원

[답]

4 원의 크기가 큰 것부터 차례로 기호를 쓰시오.

> ㉠ 반지름이 11cm인 원
> ㉡ 원주가 62.8cm인 원
> ㉢ 원주가 28.26cm인 원

[답]

5 정사각형에서 색칠한 부분의 둘레를 구하시오.

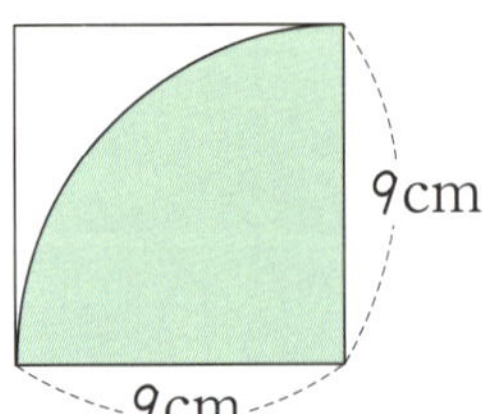

[답]

6 원에서 색칠한 부분의 둘레를 구하시오.

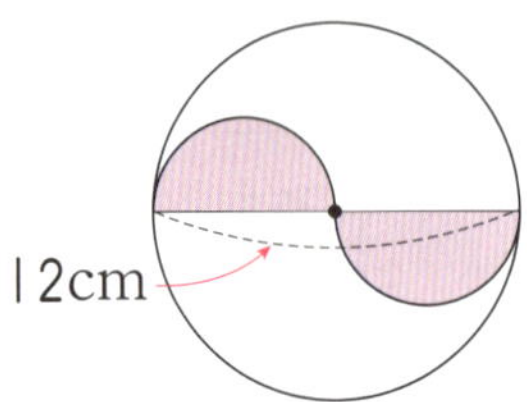

[답]

* 이름 :
* 날짜 :
* 시간 : 시 분 ~ 시 분

확인

◆ **원주와 원주율(4)** ◆

1 영미는 원 모양의 호떡을 샀습니다. 호떡의 지름이 11cm일 때 호떡의 원주는 몇 cm입니까?

[답]

2 원 모양의 접시가 있습니다. 접시의 반지름이 13cm일 때 접시의 원주는 몇 cm입니까?

[답]

3 지연이는 지름이 50cm인 자전거 바퀴를 5바퀴 굴렸습니다. 자전거 바퀴가 움직인 거리는 몇 cm입니까?

[답]

사고력 학습

4 철사를 사용하여 유민이는 지름이 15cm인 원을 만들고, 철웅이는 반지름이 6cm인 원을 만들었습니다. 유민이와 철웅이가 사용한 철사는 모두 몇 cm입니까?

[답]

5 수경이는 지름이 2.5cm인 동전을 굴렸습니다. 동전이 굴러간 거리가 117.75cm일 때 이 동전은 몇 바퀴 굴러갔습니까?

[답]

6 길이가 43.96cm인 끈으로 가장 큰 원을 만들려고 합니다. 원의 반지름은 몇 cm입니까?

[답]

 사고력 학습

◆ 원의 넓이 어림(1) ◆

원 안의 마름모의 넓이와 원 밖의 정사각형의 넓이를 구하여 원의 넓이가 얼마인지 어림하려고 합니다. 물음에 답하시오. [1~3]

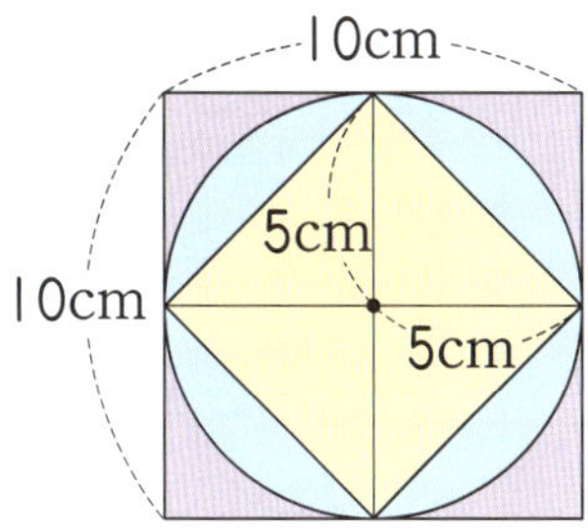

1 원 안의 대각선이 10cm인 마름모의 넓이는 몇 cm^{2}입니까?

[답]

2 원 밖의 정사각형의 넓이는 몇 cm^{2}입니까?

[답]

3 원의 넓이는 얼마와 얼마 사이로 어림할 수 있는지 ☐ 안에 알맞은 수를 써넣으시오.

☐ cm^2 < (원의 넓이) < ☐ cm^2

모눈종이에 반지름이 6cm인 원을 그리고 원의 넓이가 얼마인지 어림하려고 합니다. 물음에 답하시오. [4~6]

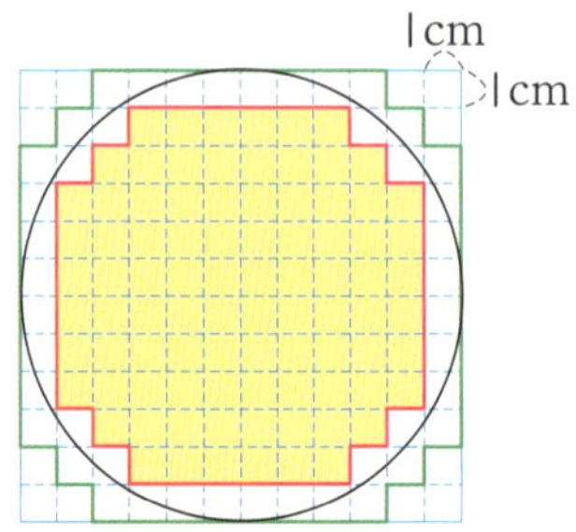

4 원 안의 색칠된 부분의 넓이는 몇 cm^{2}입니까?

[답]

5 원 밖의 녹색 선으로 둘러싸인 부분의 넓이는 몇 cm^{2}입니까?

[답]

6 원의 넓이는 얼마와 얼마 사이로 어림할 수 있는지 ☐ 안에 알맞은 수를 써넣으시오.

☐ cm^2 < (원의 넓이) < ☐ cm^2

사고력 학습

◆ 원의 넓이 어림(2) ◆

1 원 안의 마름모의 넓이와 원 밖의 정사각형의 넓이를 구하여 원의 넓이가 얼마인지 어림하려고 합니다. □ 안에 알맞은 수를 써넣으시오.

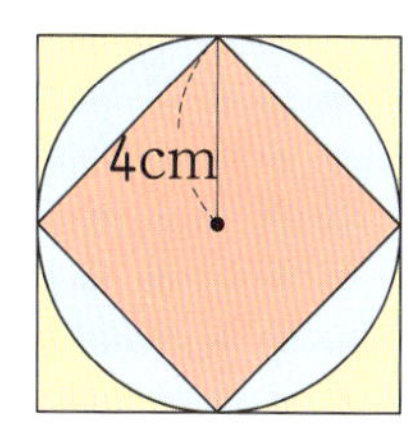

> 원의 넓이는 원 안의 마름모의 넓이 ☐ cm²보다 크고 원 밖의 정사각형의 넓이 ☐ cm²보다 작으므로 원의 넓이는 약 ☐ cm²라고 어림할 수 있습니다.

2 원 안의 정사각형의 넓이와 원 밖의 정사각형의 넓이를 구하여 원의 넓이가 얼마인지 어림하려고 합니다. □ 안에 알맞은 수를 써넣으시오.

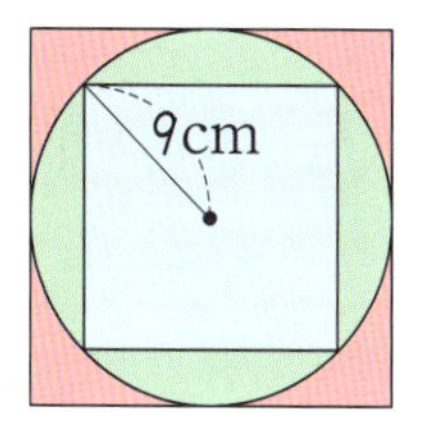

> 원의 넓이는 원 안의 정사각형의 넓이 ☐ cm²보다 크고 원 밖의 정사각형의 넓이 ☐ cm²보다 작으므로 원의 넓이는 약 ☐ cm²라고 어림할 수 있습니다.

3 원 안의 정사각형의 넓이와 원 밖의 마름모의 넓이를 구하여 원의 넓이를 어림하였습니다. 원의 넓이를 잘못 어림한 것을 찾아 기호를 쓰시오.

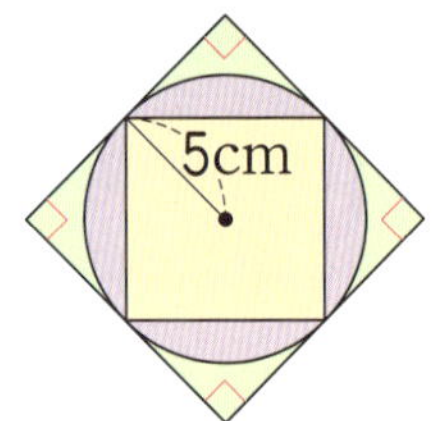

> ㉠ 51cm²   ㉡ 77cm²
> ㉢ 93cm²   ㉣ 108cm²

[답] ____________________

4 원 안의 정오각형의 넓이와 원 밖의 정사각형의 넓이를 구하여 원의 넓이가 얼마인지 어림하려고 합니다. 삼각형 ㄱㄴㄷ의 넓이가 19cm²일 때, 원의 넓이는 얼마와 얼마 사이로 어림할 수 있는지 □ 안에 알맞은 수를 써넣으시오.

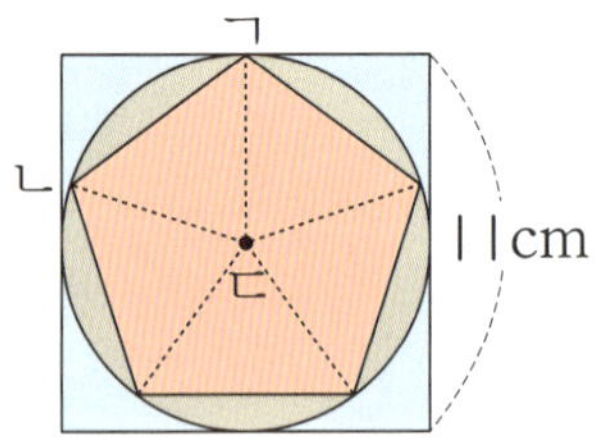

> ☐ cm² < (원의 넓이) < ☐ cm²

5 원 안의 정육각형의 넓이와 원 밖의 정육각형의 넓이를 구하여 원의 넓이가 얼마인지 어림하려고 합니다. 삼각형 ㄱㅇㄷ의 넓이가 42cm²이고 삼각형 ㄴㅇㄹ의 넓이가 59cm²일 때, 원의 넓이는 얼마와 얼마 사이로 어림할 수 있는지 □ 안에 알맞은 수를 써넣으시오.

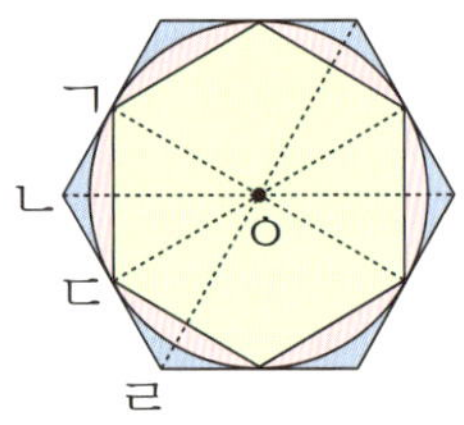

> ☐ cm² < (원의 넓이) < ☐ cm²

사고력 학습

◆ 원의 넓이를 구하는 방법(1) ◆

🐸 원을 한없이 잘게 잘라 붙여 직사각형 모양으로 만들어 넓이를 구하려고 합니다.
물음에 답하시오. [1~3]

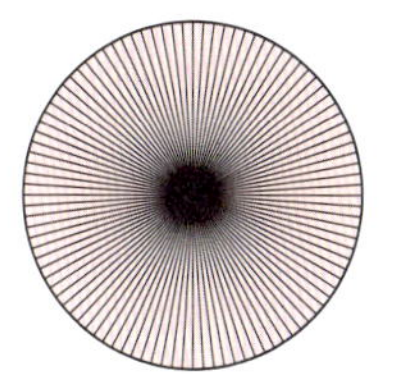  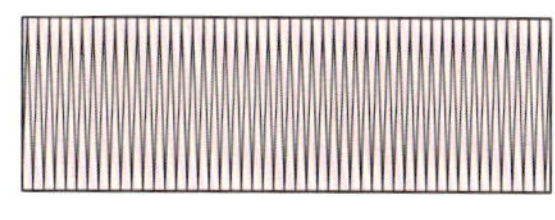

1 직사각형의 가로는 원의 무엇과 길이가 같습니까?

[답]

2 직사각형의 세로는 원의 어느 부분의 길이와 같습니까?

[답]

3 원의 넓이를 직사각형의 넓이를 이용하여 구하려고 합니다. ☐ 안에 알맞은
말을 써넣으시오.

$$(원의 넓이) = (원주의 \frac{1}{2}) \times (반지름)$$
$$= (\ \boxed{}\ ) \times 3.14 \times \frac{1}{2} \times (반지름)$$
$$= (\ \boxed{}\ ) \times (\ \boxed{}\ ) \times 3.14$$

원을 한없이 잘게 잘라 붙여서 직사각형 모양을 만들었습니다. ☐ 안에 알맞은 수를 써넣고 원의 넓이를 구하시오. [4~6]

4

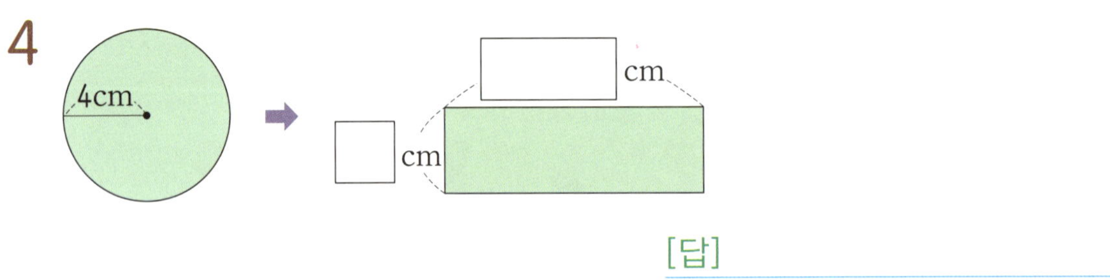

[답]

5

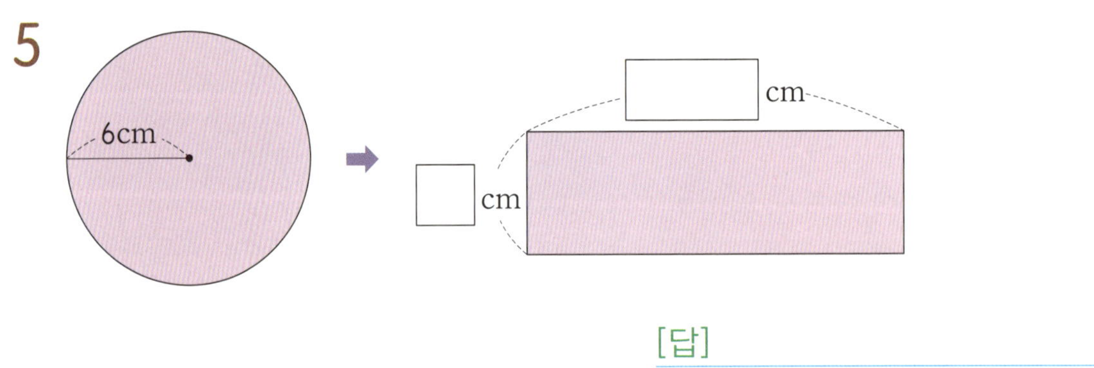

[답]

6

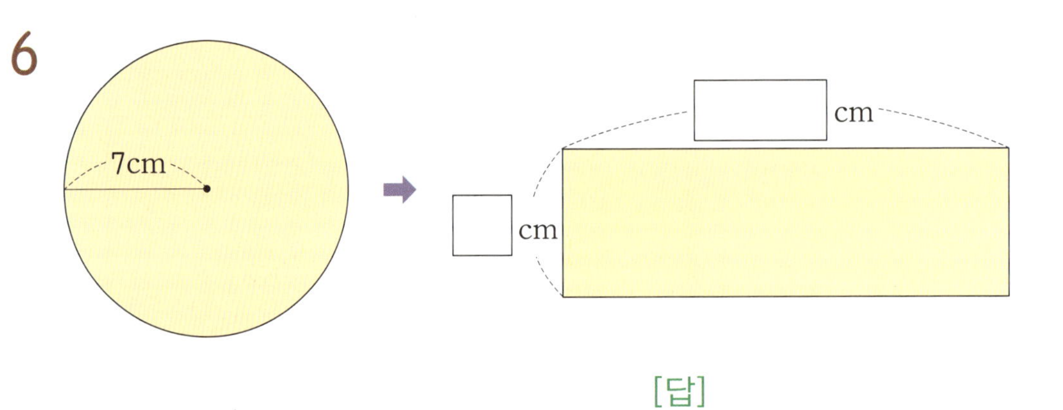

[답]

◆ 원의 넓이를 구하는 방법(2) ◆

1 지름, 반지름, 원의 넓이의 관계를 나타낸 표입니다. 빈칸에 알맞게 써넣으시오.

지름	반지름	원의 넓이를 구하는 식	원의 넓이
10cm		$5 \times 5 \times 3.14$	78.5cm^2
	8cm		
18cm			

원의 넓이를 구하는 식을 보고 □ 안에 알맞은 수를 써넣으시오. [2~3]

$$(\text{원의 넓이}) = (\text{반지름}) \times (\text{반지름}) \times 3.14$$

2

3.5cm

$\boxed{} \times \boxed{} \times 3.14 = \boxed{} (\text{cm}^2)$

3

9cm

$\boxed{} \times \boxed{} \times \boxed{} = \boxed{} (\text{cm}^2)$

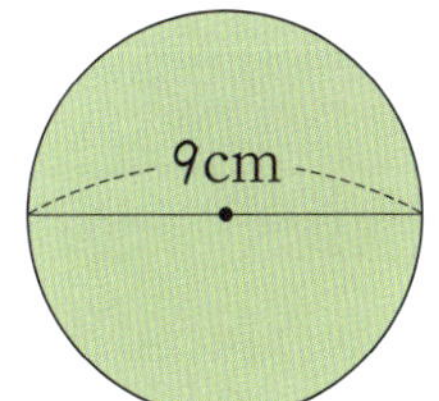

사고력 학습

🐸 원의 넓이를 구하는 식을 보고 원의 넓이를 구하시오. [4~9]

$$(원의 넓이)=(반지름)\times(반지름)\times 3.14$$

4

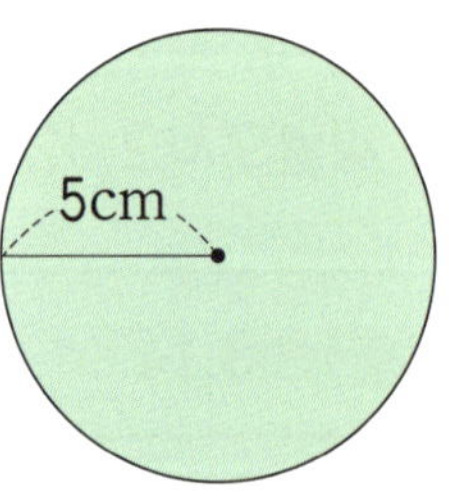

[답] ______________________

5

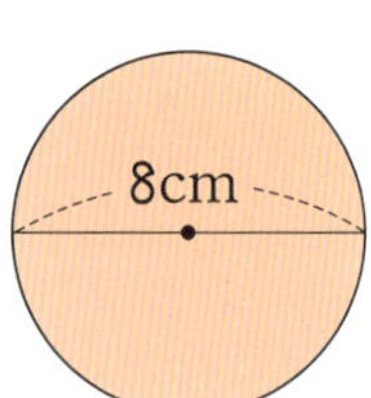

[답] ______________________

6

[답] ______________________

7

[답] ______________________

8

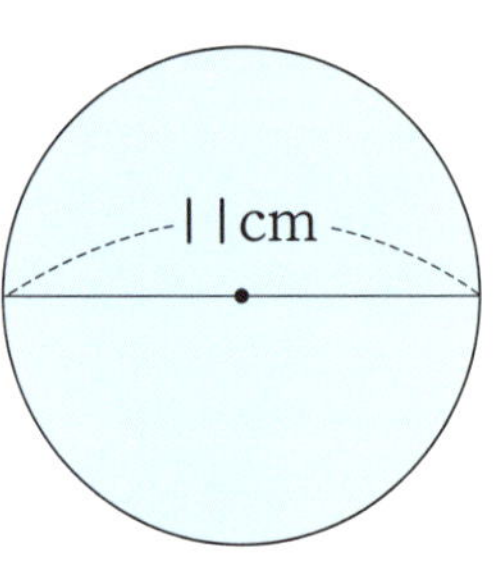

[답] ______________________

9

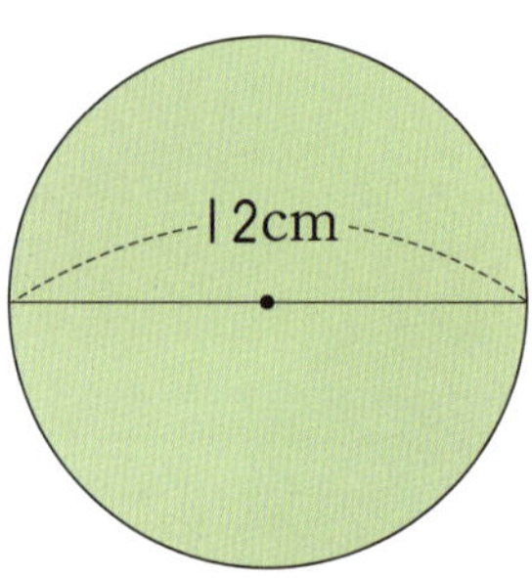

[답] ______________________

 사고력 학습

◆ 원의 넓이(1) ◆

1 다음 도형을 보고 물음에 답하시오.

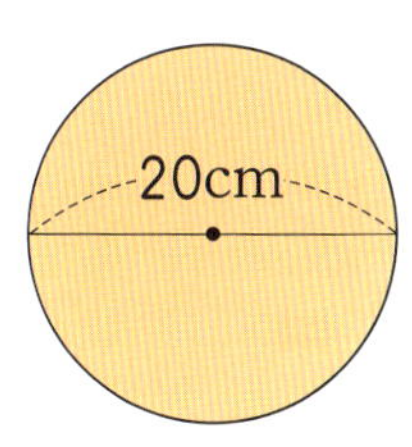

(1) 지름은 몇 cm입니까?

[답] ______________________

(2) 반지름은 몇 cm입니까?

[답] ______________________

(3) 원의 넓이는 몇 cm²입니까?

[답] ______________________

원의 넓이를 구하는 식과 답을 써 보시오. [2~3]

2

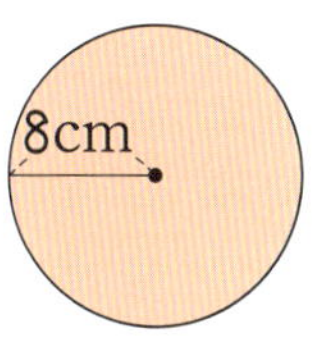

[식] ______________________

[답] ______________________

3

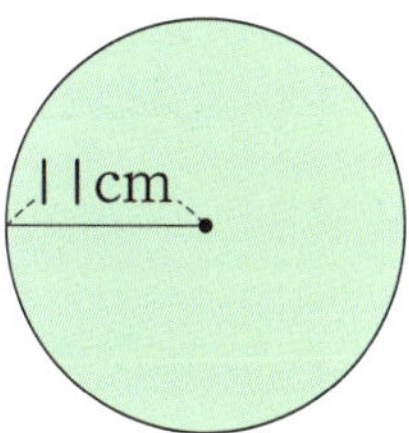

[식] ______________________

[답] ______________________

🐸 다음과 같은 길이를 반지름으로 하는 원을 만들 때 원의 넓이는 각각 몇 cm²인지 구하시오. [4~7]

4 반지름 4.5cm ➡ _______________

5 반지름 9cm ➡ _______________

6 반지름 15cm ➡ _______________

7 반지름 20cm ➡ _______________

🐸 다음과 같은 길이를 지름으로 하는 원을 만들 때 원의 넓이는 각각 몇 cm²인지 구하시오. [8~11]

8 지름 7cm ➡ _______________

9 지름 8cm ➡ _______________

10 지름 14cm ➡ _______________

11 지름 24cm ➡ _______________

◆ **원의 넓이(2)** ◆

1 반원의 넓이는 몇 cm^2입니까?

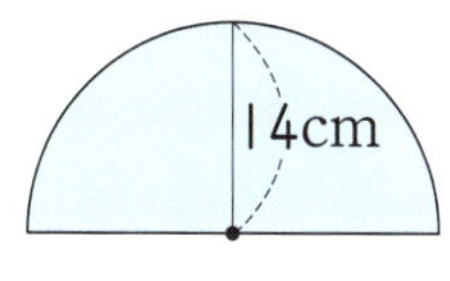

[답]

2 두 원의 넓이의 차는 몇 cm^2입니까?

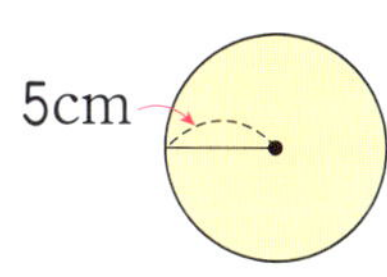

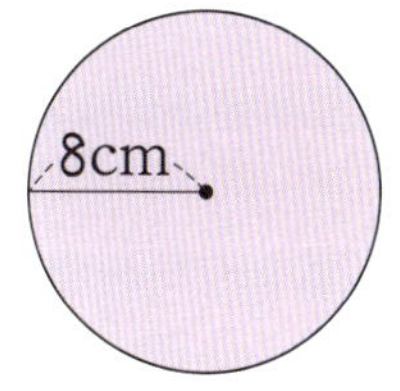

[답]

3 넓이가 더 넓은 것의 기호를 쓰시오.

> ㉠ 지름이 12cm인 원   ㉡ 넓이가 94.985cm^2인 원

[답]

4 넓이가 530.66cm²인 원의 반지름은 몇 cm입니까?

[답]

5 한 변이 9cm인 정사각형 안에 들어갈 수 있는 가장 큰 원의 넓이는 몇 cm²입니까?

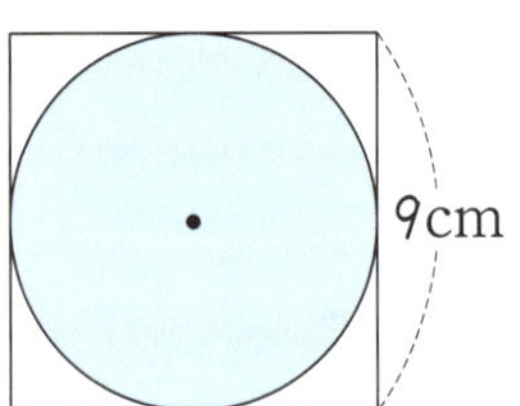

[답]

6 네 변의 합이 88cm인 정사각형 안에 들어갈 수 있는 가장 큰 원의 넓이는 몇 cm²입니까?

[답]

 사고력 학습

★ 이름 :
★ 날짜 :
★ 시간 :　시　분 ~ 시　분

확인

◆ **원의 넓이(3)** ◆

1 두 원의 넓이의 합은 몇 cm^2입니까?

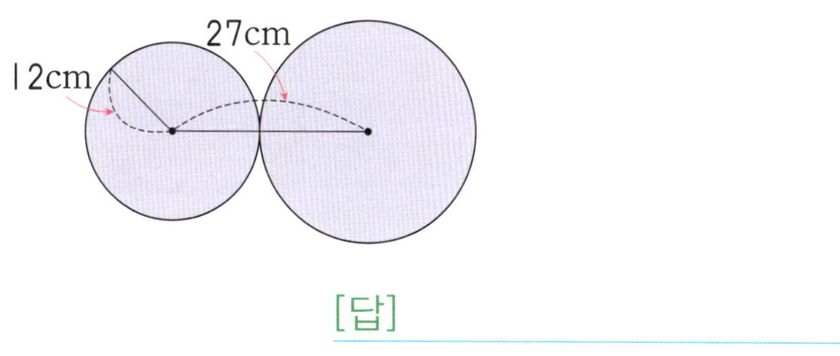

[답]

2 원주가 62.8cm인 원의 넓이는 몇 cm^2입니까?

[답]

3 넓이가 가장 넓은 원과 가장 좁은 원의 넓이의 차는 몇 cm^2입니까?

> ㉠ 넓이가 153.86cm^2인 원
> ㉡ 반지름이 6cm인 원
> ㉢ 지름이 16cm인 원

[답]

사고력 학습

4 정사각형에서 색칠한 부분의 넓이는 몇 cm²입니까?

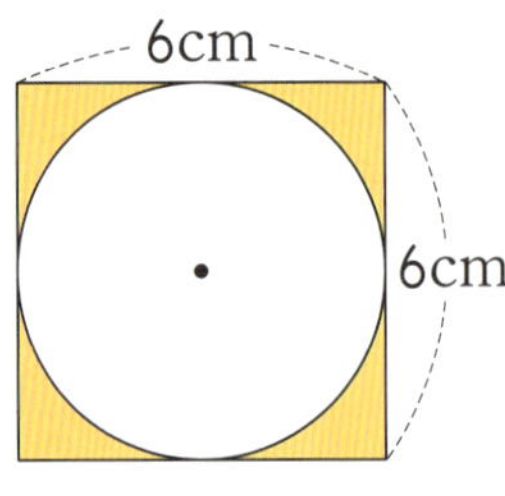

[답]

5 원에서 색칠한 부분의 넓이는 몇 cm²입니까?

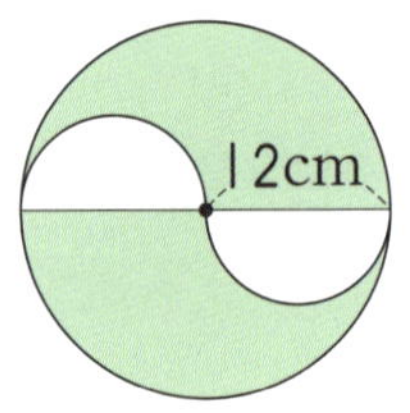

[답]

6 원과 마름모를 겹쳐놓은 것입니다. 색칠한 부분의 넓이는 몇 cm²입니까?

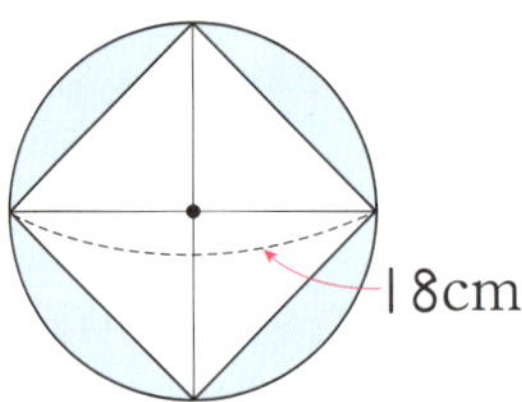

[답]

사고력 학습

★이름 :
★날짜 :
★시간 :　　시　　분 ~ 　　시　　분

확인

◆ **원의 넓이(4)** ◆

1 반지름이 13cm인 원 모양의 접시가 있습니다. 이 접시의 넓이는 몇 cm^2입니까?

[답]

2 지름이 4cm인 원 모양의 딱지가 있습니다. 이 딱지의 넓이는 몇 cm^2입니까?

[답]

3 길이가 87.92cm인 끈으로 가장 큰 원을 만들었습니다. 만든 원의 넓이는 몇 cm^2입니까?

[답]

사고력 학습

4 넓이가 314cm²인 원 모양의 색종이가 있습니다. 원 모양의 색종이의 반지름은 몇 cm입니까?

[답]

5 경준이는 다음과 같이 원 모양의 꽃밭을 똑같이 나눈 것 중의 하나에 장미를 심으려고 합니다. 장미를 심으려는 부분의 넓이는 몇 cm²입니까?

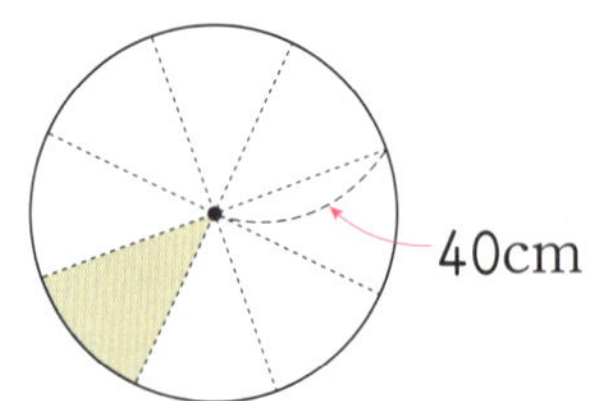

[답]

6 지선이는 원주가 50.24cm인 원을 그렸고, 동훈이는 반지름이 9cm인 원을 그렸습니다. 누가 그린 원의 넓이가 몇 cm² 더 넓습니까?

[답]

사고력 학습

 창의력 학습

알리바바는 보물이 가득 들어 있는 보물 창고를 발견했습니다. 창고에는 원 모양의 문이 있습니다. 이 문의 반지름을 맞혀야 문을 열 수 있습니다. 원 모양의 문의 원주가 923.16cm일 때 반지름은 몇 cm입니까?

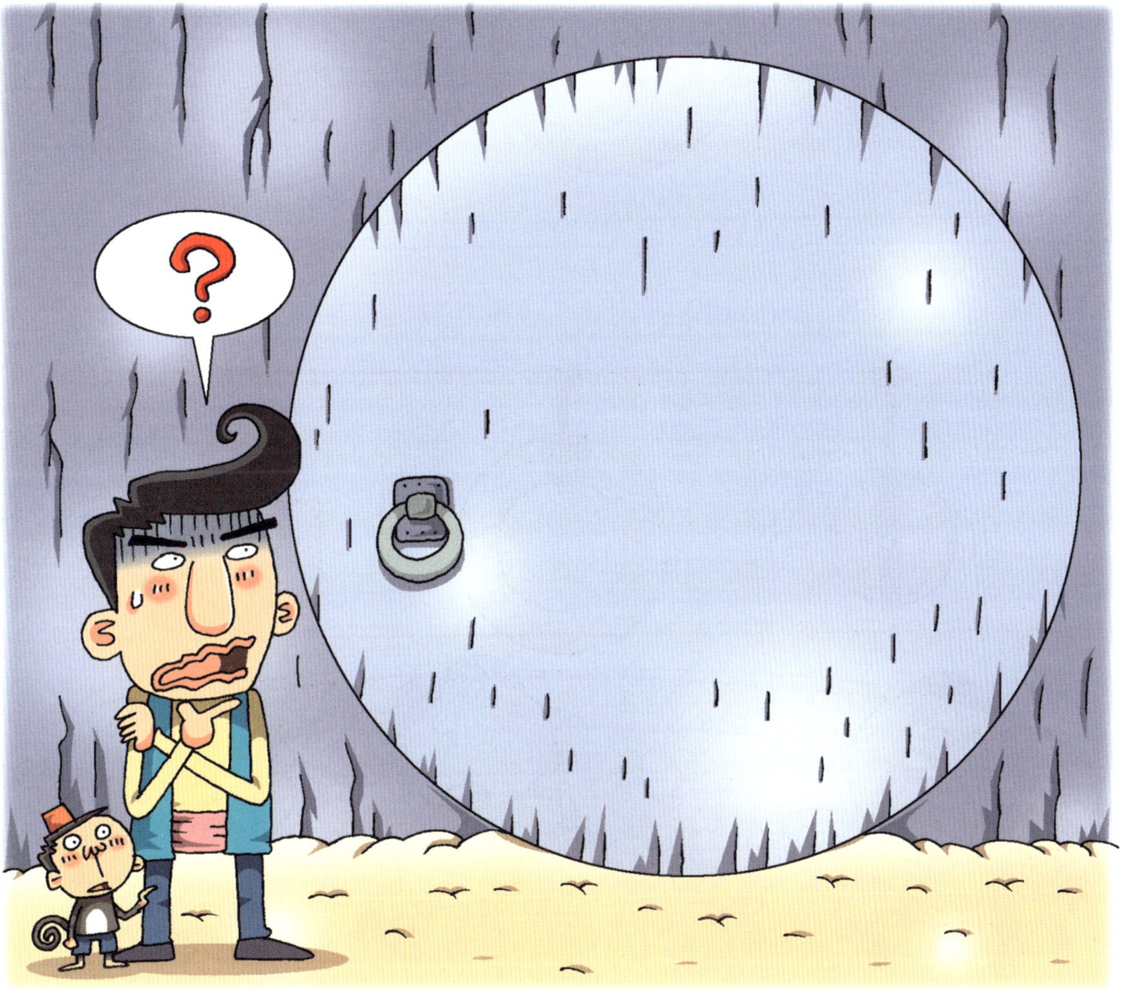

[답]

다은, 은찬, 진욱이가 과자 따먹기 놀이를 하고 있습니다. 세 사람이 따먹은 과자의 모양이 다음과 같을 때 누가 먹은 과자의 넓이가 가장 넓습니까? (단, 과자의 두께는 같습니다.)

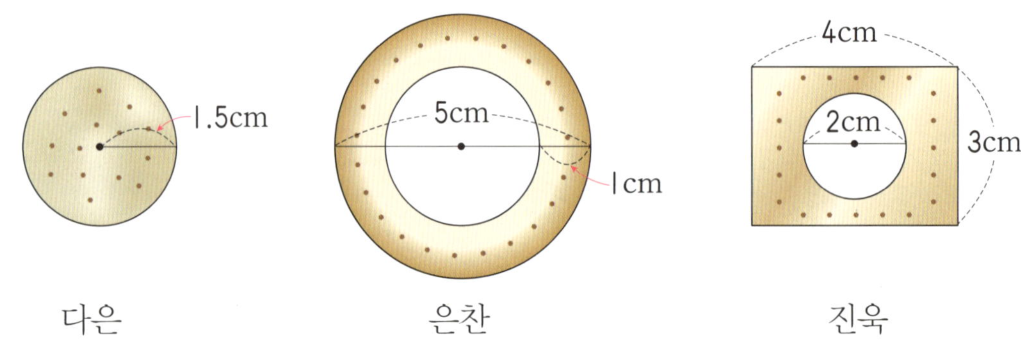

[답]

✚ 경시대회 예상문제

1 지름이 80cm인 드럼통 3개를 끈으로 묶었습니다. 이 끈의 길이는 몇 cm입니까? (단, 묶은 매듭은 생각하지 않습니다.)

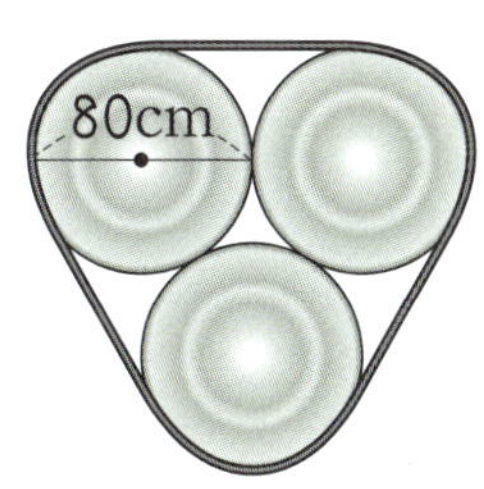

[답]

2 어느 운동장에 다음과 같은 트랙이 있습니다. 이 트랙의 안쪽, 바깥쪽의 둘레의 합은 몇 m인지 풀이 과정을 쓰고 답을 구하시오.

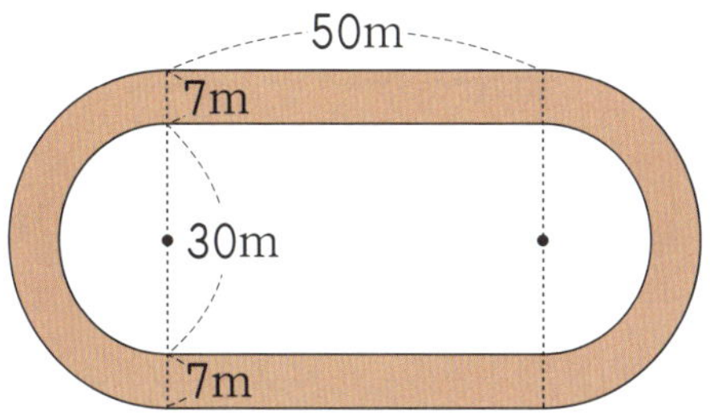

[답]

3 다음 그림과 같이 반지름이 63cm인 원을 따라 지름이 18cm인 굴렁쇠를 굴리고 있습니다. 굴렁쇠를 몇 바퀴 굴리면 처음의 자리로 돌아옵니까?

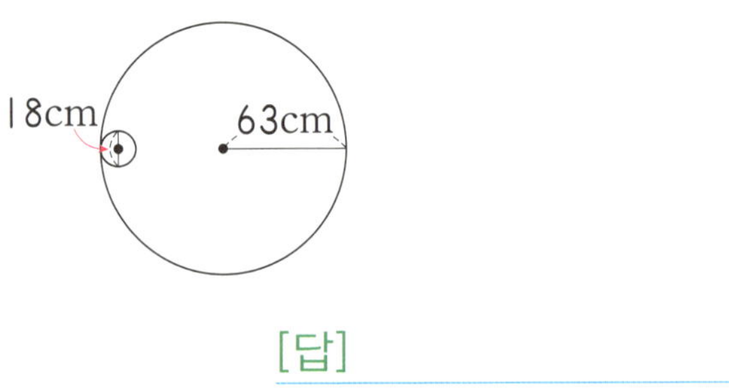

[답] ______________________________

4 반지름이 3cm인 원 모양의 컵받침과 반지름이 9cm인 원 모양의 접시가 있습니다. 접시의 넓이는 컵받침의 넓이의 몇 배입니까?

[답] ______________________________

5 사다리꼴의 넓이가 224cm^{2}일 때 원의 넓이는 몇 cm^{2}입니까?

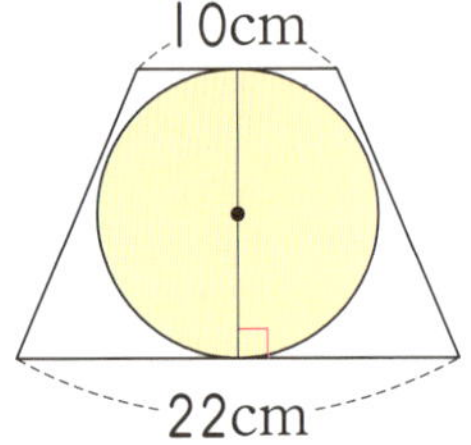

[답] ______________________________

6 그림과 같이 직사각형 안에 지름을 $\frac{1}{2}$배씩 하여 반원 3개를 그렸습니다. 색칠한 부분의 넓이는 몇 cm^2입니까?

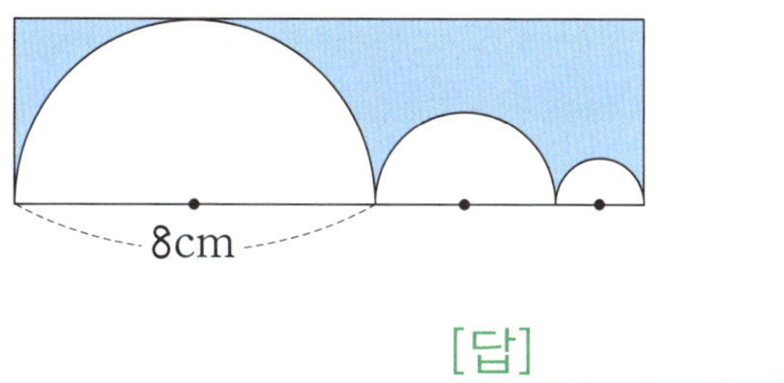

[답]

7 반원 다의 넓이는 반원 가와 나의 넓이의 합과 같습니다. 반원 나의 반지름은 몇 cm인지 풀이 과정을 쓰고 답을 구하시오.

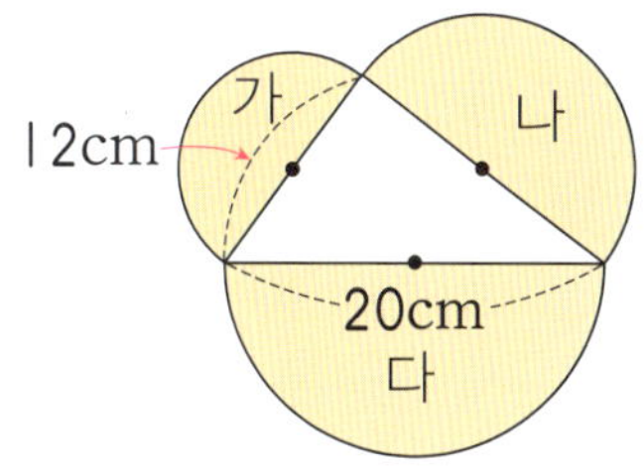

[답]

8 넓이가 78.5cm²인 원 5개를 이용하여 다음 그림과 같이 원의 중심을 이어 오각형을 만들었습니다. 색칠한 부분의 둘레는 몇 cm입니까?

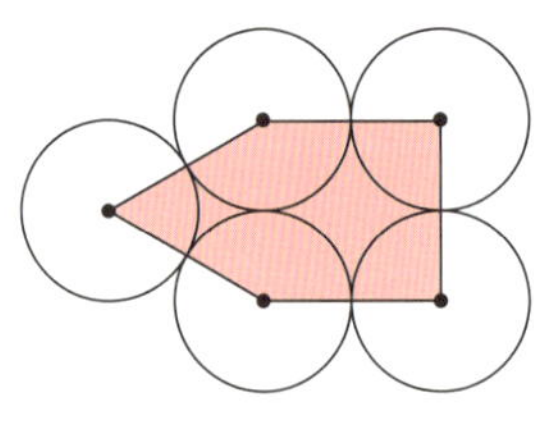

[답]

9 정사각형 안에 반지름이 20cm인 원의 $\frac{1}{4}$을 2개 그린 것입니다. 색칠한 부분의 넓이는 몇 cm²입니까?

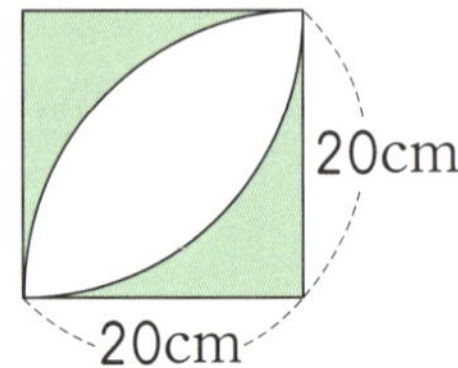

[답]

10 정은이는 원주가 106.76cm인 원보다 크고, 넓이가 1256cm²인 원보다 작은 원을 그리려고 합니다. 원의 반지름을 자연수로 하여 그릴 때 반지름은 몇 cm로 해야 하는지 모두 구하시오.

[답]

경시대회 예상문제

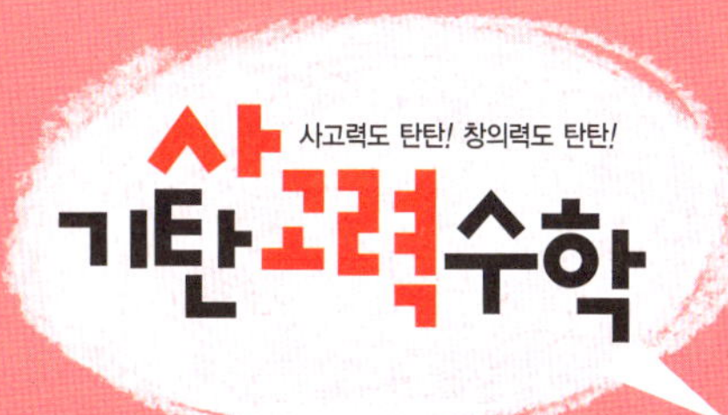

학습 관리표

학습 내용		이번 주는?
비율그래프	· 띠그래프 알기 · 띠그래프 그리기 · 띠그래프에서 여러 가지 사실 알기 · 원그래프 알기 · 원그래프 그리기 · 원그래프에서 여러 가지 사실 알기 · 창의력 학습 · 경시대회 예상문제	• 학습 방법 : ① 매일매일　② 가끔　③ 한꺼번에 　하였습니다. • 학습 태도 : ① 스스로 잘　② 시켜서 억지로 　하였습니다. • 학습 흥미 : ① 재미있게　② 싫증내며 　하였습니다. • 교재 내용 : ① 적합하다고　② 어렵다고　③ 쉽다고 　하였습니다.

지도 교사가 부모님께	부모님이 지도 교사께

평가	Ⓐ 아주 잘함	Ⓑ 잘함	Ⓒ 보통	Ⓓ 부족함

원(교)　　　　　　반　이름　　　　　　　전화

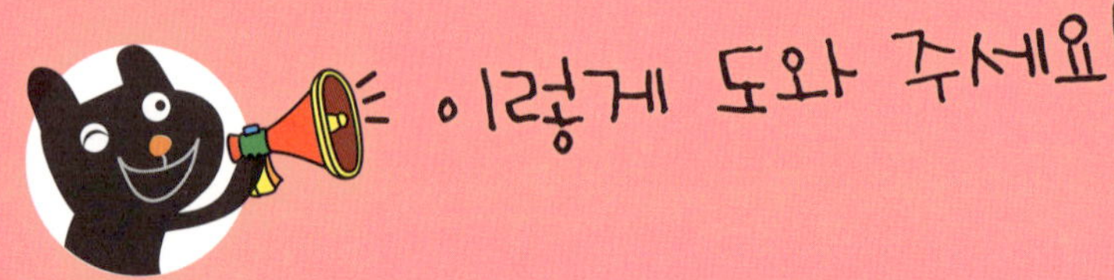

● 학습 목표
– 띠그래프를 알고 주어진 자료를 이용하여 띠그래프를 그릴 수 있습니다.
– 띠그래프를 보고 전체와 부분에 대한 통계적 사실을 알고, 주어진 정보를 읽을 수 있습니다.
– 원그래프를 알고 주어진 자료를 이용하여 원그래프를 그릴 수 있습니다.
– 원그래프를 보고 전체와 부분에 대한 통계적 사실을 알고, 주어진 정보를 읽을 수 있습니다.

● 지도 내용
– 전체에 대한 각 부분의 비율을 띠 모양으로 나타낸 것이 띠그래프라는 것을 알게 하고, 주어진 자료를 보고 전체에 대한 각 부분의 비율을 나타내게 합니다.
– 주어진 자료의 각 부분의 비율만큼 띠를 분할하여 그래프로 나타내게 합니다.
– 주어진 띠그래프를 이용하여 다양한 문제를 만들어 해결하게 합니다.
– 전체에 대한 각 부분의 비율을 원 모양으로 나타낸 것이 원그래프라는 것을 알게 하고, 주어진 자료를 보고 전체에 대한 각 부분의 비율을 나타내게 합니다.
– 주어진 자료의 각 부분의 비율을 원그래프로 나타내게 합니다.
– 주어진 원그래프를 이용하여 다양한 문제를 만들어 해결하게 합니다.

● 지도 요점
생활 속에서 나타나는 여러 가지 통계적 자료에 대해 항목을 정하여 표로 만든 후 띠그래프나 원그래프로 그려 보게 합니다. 이때 띠그래프나 원그래프는 주어진 자료를 전체 백분율로 환산하였으므로 각각의 비율을 직관적으로 알아보기 쉽다는 것을 이해하도록 지도합니다. 또한 띠그래프나 원그래프를 보고 실생활 속에서의 여러 가지 통계적 사실과 정보를 읽고 해석하도록 지도합니다.

◆ 띠그래프 알기(1) ◆

전체에 대한 각 부분의 비율을 띠 모양으로 나타낸 그래프를 띠그래프라고 합니다.

윤미네 학교 학생들의 혈액형을 조사하여 나타낸 표입니다. 물음에 답하시오. [1~2]

〈혈액형〉

혈액형	A	B	AB	O	계
학생 수(명)	75	60	90	75	300

1 전체 학생 수에 대한 혈액형별 학생 수의 백분율을 구하시오.

A형: $\dfrac{75}{300} \times 100 = \boxed{}$ (%)　　　B형: $\dfrac{60}{300} \times 100 = \boxed{}$ (%)

AB형: $\dfrac{\boxed{}}{300} \times 100 = \boxed{}$ (%)　　　O형: $\dfrac{\boxed{}}{300} \times 100 = \boxed{}$ (%)

2 1의 백분율을 보고 □ 안에 알맞은 수를 써넣으시오.

〈혈액형〉

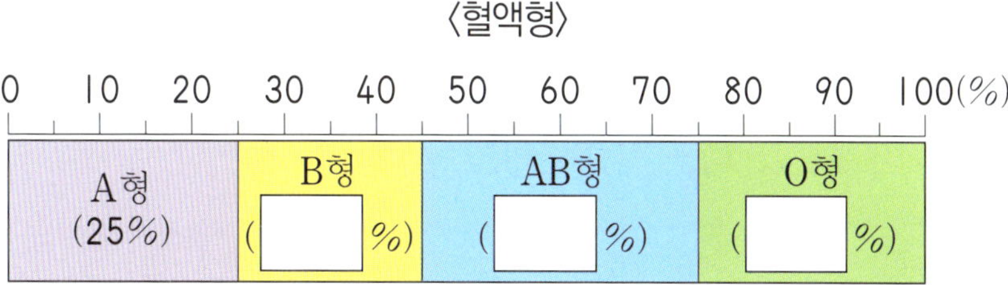

하진이네 반 학생들이 좋아하는 동물을 조사하여 나타낸 표입니다. 물음에 답하시오. [3~5]

〈좋아하는 동물〉

동물	강아지	햄스터	토끼	호랑이	계
학생 수(명)	16	10	10	4	40

3 전체 학생 수에 대한 각 동물을 좋아하는 학생 수의 백분율을 구하시오.

강아지: $\dfrac{\boxed{}}{40} \times 100 = \boxed{}$ (%)　　햄스터: $\dfrac{\boxed{}}{40} \times 100 = \boxed{}$ (%)

토끼: $\dfrac{\boxed{}}{40} \times 100 = \boxed{}$ (%)　　호랑이: $\dfrac{\boxed{}}{40} \times 100 = \boxed{}$ (%)

4 3의 백분율을 보고 □ 안에 알맞은 수를 써넣으시오.

〈좋아하는 동물〉

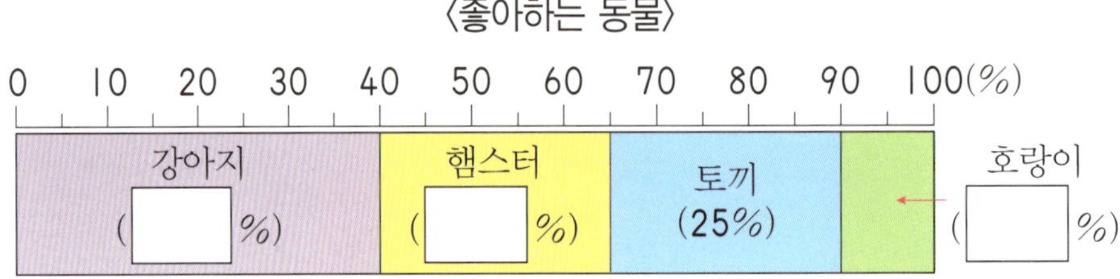

5 4와 같은 그래프를 무슨 그래프라고 합니까?

[답]

★ 이름 :

★ 날짜 :

★ 시간 :　　시　　분 ~　　시　　분

확인

◆ **띠그래프 알기(2)** ◆

하진이네 반 학생들이 좋아하는 운동을 조사하여 나타낸 표입니다. 물음에 답하시오. [1~3]

〈좋아하는 운동〉

운동	축구	농구	수영	야구	기타	계
학생 수(명)	12	6	3	6	3	30

1 전체 학생 수에 대한 각 운동을 좋아하는 학생 수의 백분율을 구하시오.

〈좋아하는 운동〉

운동	축구	농구	수영	야구	기타	계
백분율(%)						

2 1의 표를 보고 □ 안에 알맞은 수를 써넣으시오.

〈좋아하는 운동〉

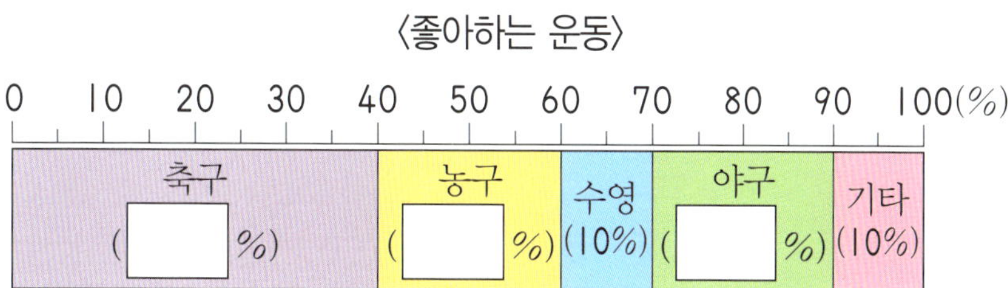

3 2의 그래프에서 작은 눈금 한 칸은 몇 %입니까?

[답]

사고력 학습

상은이네 학교 학생들이 좋아하는 과목을 조사하여 나타낸 표입니다. 물음에 답하시오. [4~6]

〈좋아하는 과목〉

과목	국어	수학	과학	체육	기타	계
학생 수(명)	48	24	60	72	36	240
백분율(%)						

4 전체 학생 수에 대한 각 과목을 좋아하는 학생 수의 백분율을 구하시오.

5 위의 표를 보고 □ 안에 알맞은 수를 써넣으시오.

〈좋아하는 과목〉

6 가장 많은 칸을 차지하는 과목은 무엇입니까?

[답]

◆ 띠그래프 그리기(1) ◆

 재준이네 반 학생들의 취미를 조사하여 나타낸 표입니다. 물음에 답하시오. [1~3]

〈취미〉

취미	독서	음악 감상	피아노 연주	컴퓨터 게임	기타	계
학생 수(명)	6	10	8	12	4	40

1 전체 학생 수에 대한 취미별 학생 수의 백분율을 구하시오.

〈취미〉

취미	독서	음악 감상	피아노 연주	컴퓨터 게임	기타	계
백분율(%)						

2 백분율의 합계는 100%입니까?

[답]

3 1의 표를 보고 띠그래프를 그려 보시오.

〈취미〉

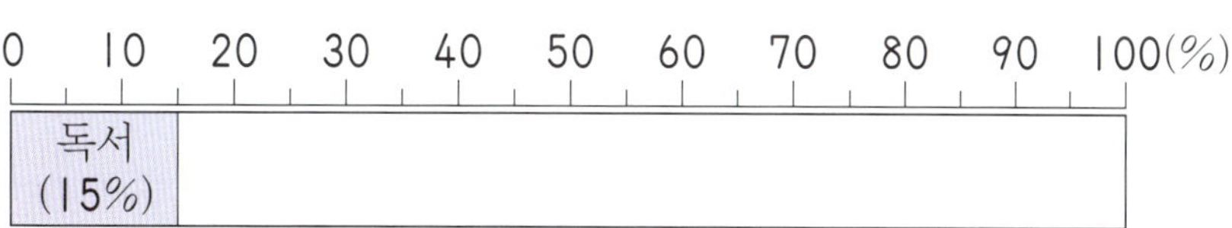

사고력 학습

강희네 반 학생들이 좋아하는 계절을 조사하여 나타낸 표입니다. 물음에 답하시오.
[4~6]

〈좋아하는 계절〉

계절	봄	여름	가을	겨울	계
학생 수(명)	12	3	9	6	30

4 전체 학생 수에 대한 각 계절을 좋아하는 학생 수의 백분율을 구하시오.

〈좋아하는 계절〉

계절	봄	여름	가을	겨울	계
백분율(%)					

5 백분율의 합계는 100%입니까?

[답]

6 4의 표를 보고 띠그래프를 그려 보시오.

〈좋아하는 계절〉

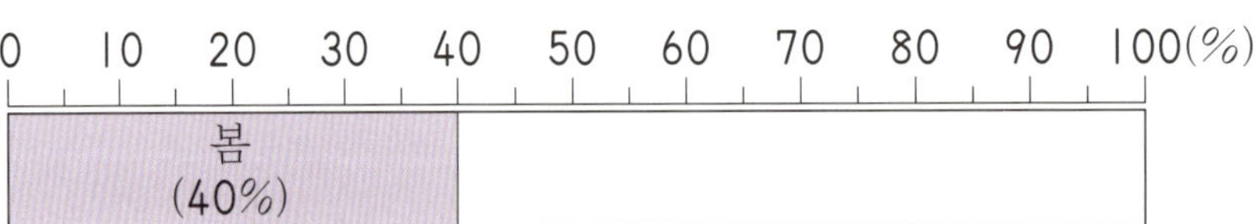

✿ 이름 :
✿ 날짜 :
✿ 시간 :　　시　　분 ~　　시　　분

확인

◆ 띠그래프 그리기(2) ◆

1 띠그래프를 그리는 순서대로 기호를 쓰시오.

> ㉠ 각 항목이 차지하는 백분율만큼 띠를 나눕니다.
> ㉡ 백분율의 합이 100%가 되는지 확인합니다.
> ㉢ 나눈 띠 위에 각 항목의 이름과 백분율을 씁니다.
> ㉣ 자료를 조사하여 표를 만들고 각 항목의 백분율을 구합니다.

[답]

2 유리네 반 학급 문고를 조사하여 나타낸 표입니다. 표의 빈칸에 알맞은 수를 써넣고 띠그래프를 그려 보시오.

〈학급 문고〉

학급 문고	위인전	소설책	백과사전	시집	기타	계
학급 문고 수(권)	50	40	60		30	200
백분율(%)						

〈학급 문고〉

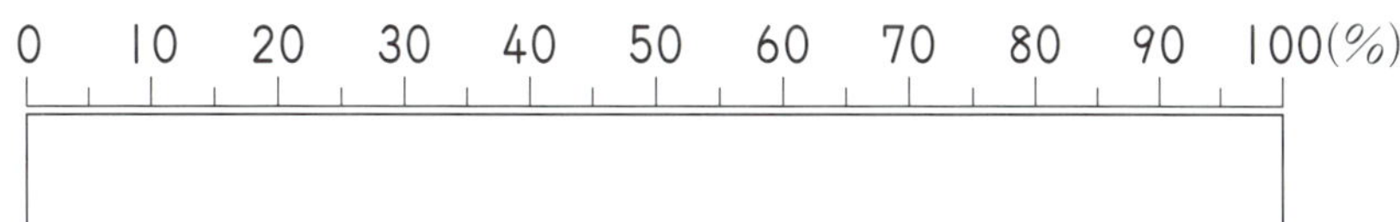

🐸 다음 자료를 보고 물음에 답하시오. [3~5]

> 혜주네 학교 학생들이 좋아하는 색을 조사하였더니 빨간색은 60명, 파란색은 72명, 노란색은 24명, 초록색은 48명, 기타가 36명이었습니다.

3 자료를 보고 표를 완성하시오.

〈좋아하는 색〉

색	빨간색	파란색	노란색	초록색	기타	계
학생 수(명)						

4 빈칸에 알맞은 수를 써넣으시오.

〈좋아하는 색〉

색	빨간색	파란색	노란색	초록색	기타	계
백분율(%)						

5 4의 표를 보고 띠그래프를 그려 보시오.

〈좋아하는 색〉

```
0   10  20  30  40  50  60  70  80  90  100(%)
```

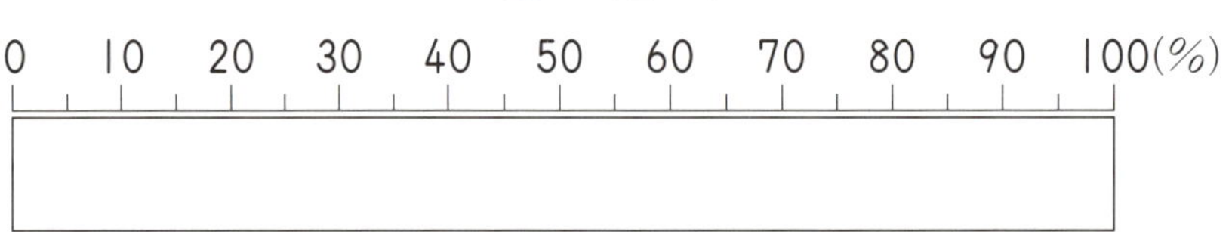

사고력 학습

✿ 이름 :
✿ 날짜 :
✿ 시간 :　　시　　분 ~ 　　시　　분

◆ **띠그래프에서 여러 가지 사실 알기(1)** ◆

🐸 정희네 학교 학생들이 좋아하는 꽃을 조사하여 나타낸 띠그래프입니다. 물음에 답하시오. [1~4]

〈좋아하는 꽃〉

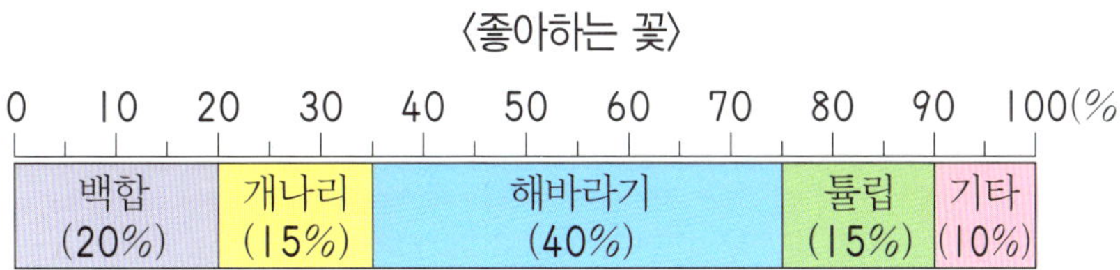

1 가장 많은 학생들이 좋아하는 꽃은 무엇입니까?

[답]

2 개나리를 좋아하는 학생의 비율은 몇 %입니까?

[답]

3 해바라기를 좋아하는 학생 수는 백합을 좋아하는 학생 수의 몇 배입니까?

[답]

4 좋아하는 학생 수가 같은 꽃은 무엇과 무엇입니까?

[답]

사고력 학습

민준이가 한 달 동안 쓴 용돈의 지출 항목을 나타낸 띠그래프입니다. 물음에 답하시오. [5~8]

<용돈의 지출 항목>

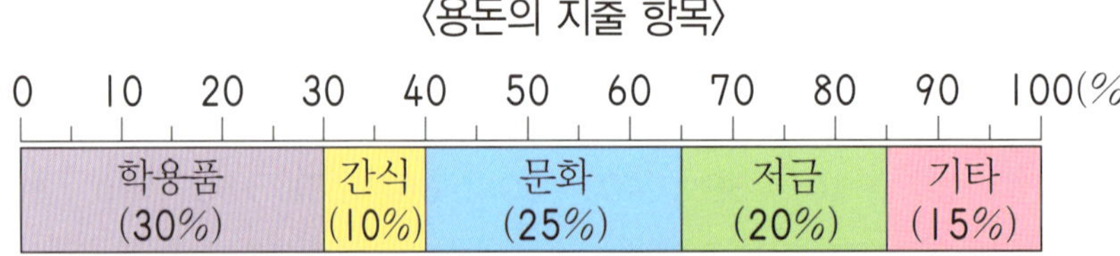

5 두 번째로 많은 비율을 차지하는 항목은 무엇입니까?

[답] ______________________

6 저금한 돈이 4800원이라면 민준이의 한 달 용돈은 얼마입니까?

[답] ______________________

7 간식과 저금을 합한 비율과 같은 항목은 무엇입니까?

[답] ______________________

8 학용품 비용의 반을 줄여 저금을 더 한다면 저금의 비율은 얼마가 됩니까?

[답] ______________________

 사고력 학습

◆ 띠그래프에서 여러 가지 사실 알기(2) ◆

혜정이네 학교 학생들의 등교 방법을 조사하여 나타낸 띠그래프입니다. 물음에 답하시오. [1~4]

〈등교 방법〉

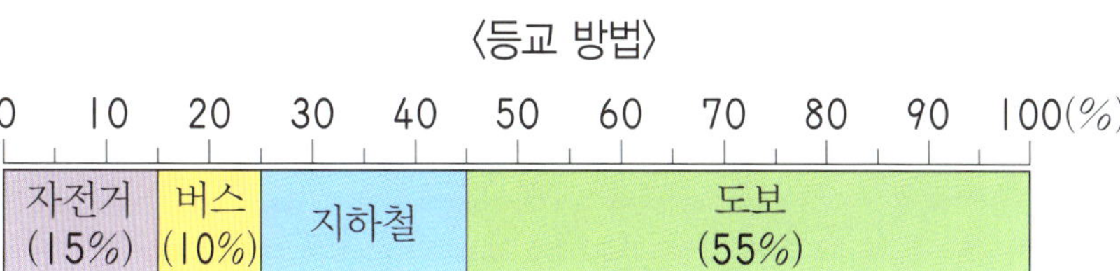

1 지하철로 등교하는 학생의 비율은 몇 %입니까?

[답]

2 많은 비율을 차지하는 등교 방법부터 차례로 쓰시오.

[답]

3 도보로 등교하는 학생의 비율은 버스로 등교하는 학생의 비율보다 몇 % 더 많습니까?

[답]

4 자전거로 등교하는 학생이 30명이라면 버스로 등교하는 학생은 몇 명입니까?

[답]

🐸 1970년부터 2010년까지 우리나라의 연령별 인구 구성비의 변화를 조사하여 나타낸 띠그래프입니다. 물음에 답하시오. [5~7]

〈연령별 인구 구성비의 변화〉

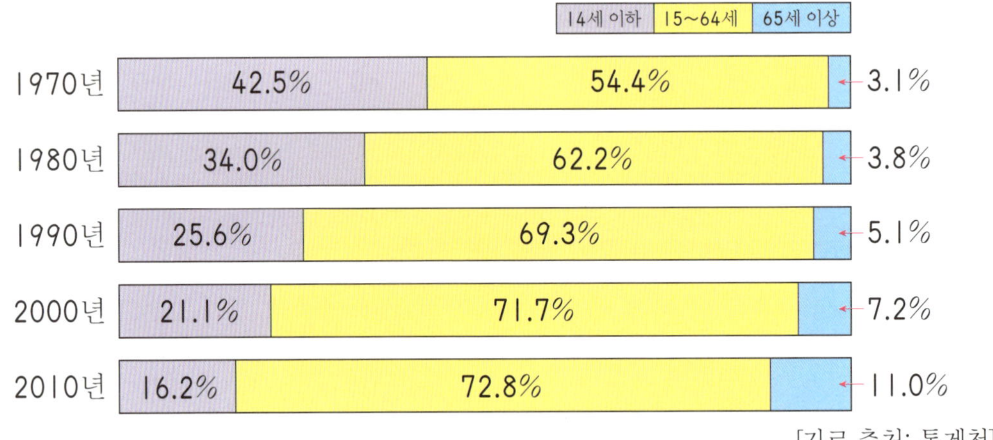

[자료 출처: 통계청]

5 시간이 갈수록 전체에서 차지하는 비율이 점점 낮아지는 연령의 범위를 쓰시오.

[답] ________________

6 2010년의 65세 이상 인구 비율은 1970년의 65세 이상 인구 비율의 약 몇 배인지 반올림하여 소수 첫째 자리까지 나타내시오.

[답] ________________

7 앞으로 우리나라의 연령별 인구 구성비가 어떻게 변화될 것인지 설명하시오.

[답] ________________

 사고력 학습

◆ 원그래프 알기(1) ◆

> 전체에 대한 각 부분의 비율을 원 모양으로 나타낸 그래프를 원그래프라고 합니다.

정수네 반 학생들의 장래 희망을 조사하여 나타낸 표입니다. 물음에 답하시오. [1~2]

〈장래 희망〉

장래 희망	연예인	변호사	교사	기타	계
학생 수(명)	12	6	9	3	30

1 전체 학생 수에 대한 장래 희망별 학생 수의 백분율을 구하시오.

연예인: $\dfrac{\boxed{}}{30} \times 100 = \boxed{}$ (%)   변호사: $\dfrac{\boxed{}}{30} \times 100 = \boxed{}$ (%)

교사: $\dfrac{\boxed{}}{30} \times 100 = \boxed{}$ (%)   기타: $\dfrac{\boxed{}}{30} \times 100 = \boxed{}$ (%)

2 1의 백분율을 보고 ☐ 안에 알맞은 수를 써넣으시오.

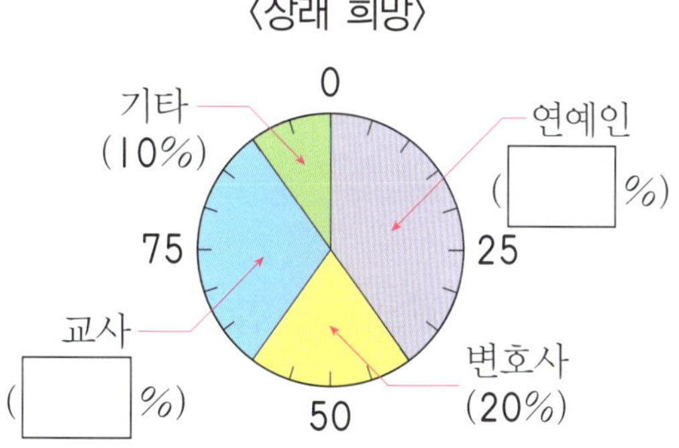

마을별 학생 수를 조사하여 나타낸 표입니다. 물음에 답하시오. [3~5]

〈마을별 학생 수〉

마을	가	나	다	라	계
학생 수(명)	30	12	42	36	120

3 전체 학생 수에 대한 마을별 학생 수의 백분율을 구하시오.

가 마을: $\dfrac{\boxed{}}{120} \times 100 = \boxed{}$ (%)   나 마을: $\dfrac{\boxed{}}{120} \times 100 = \boxed{}$ (%)

다 마을: $\dfrac{\boxed{}}{120} \times 100 = \boxed{}$ (%)   라 마을: $\dfrac{\boxed{}}{120} \times 100 = \boxed{}$ (%)

4 3의 백분율을 보고 □ 안에 알맞은 수를 써넣으시오.

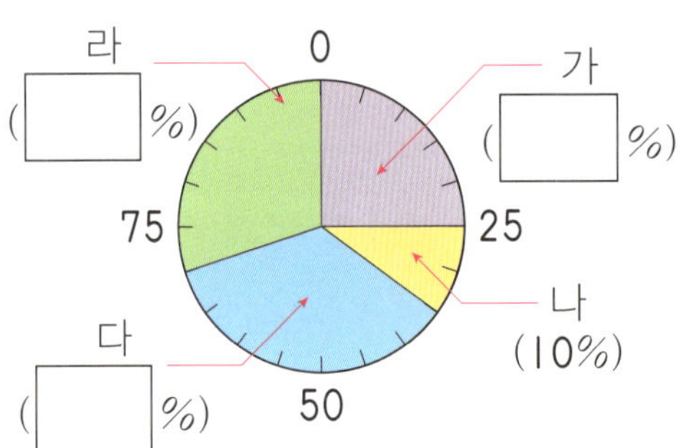

5 4와 같은 그래프를 무슨 그래프라고 합니까?

[답]

◆ 원그래프 알기(2) ◆

🐸 　기준이네 농장의 가축 수를 조사하여 나타낸 표입니다. 물음에 답하시오. [1~3]

〈가축 수〉

가축	소	돼지	염소	닭	기타	계
가축 수(마리)	15	15	9	12	9	60

1 전체 가축 수에 대한 가축별 가축 수의 백분율을 구하시오.

〈가축 수〉

가축	소	돼지	염소	닭	기타	계
백분율(%)						

2 1의 표를 보고 ☐ 안에 알맞은 수를 써넣으시오.

〈가축 수〉

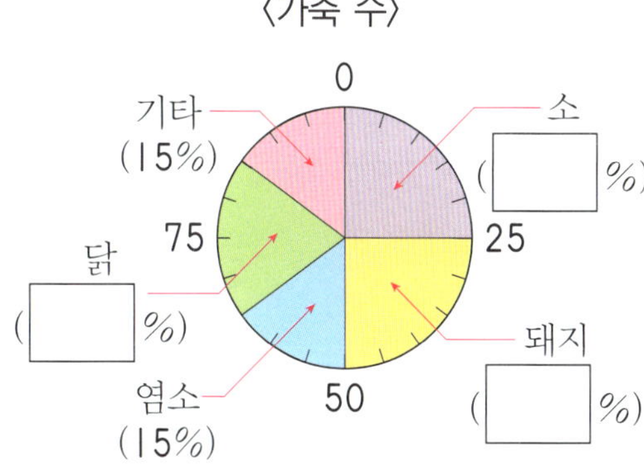

3 2의 그래프에서 작은 눈금 한 칸은 몇 %입니까?

[답]

대훈이네 학교 학생들이 배우고 싶어 하는 악기를 조사하여 나타낸 표입니다. 물음에 답하시오. [4~6]

〈배우고 싶어 하는 악기〉

악기	피아노	드럼	첼로	플루트	기타	계
학생 수(명)	70	30	50	26	24	200
백분율(%)						

4 전체 학생 수에 대한 배우고 싶어 하는 악기별 학생 수의 백분율을 구하시오.

5 위의 표를 보고 □ 안에 알맞은 수를 써넣으시오.

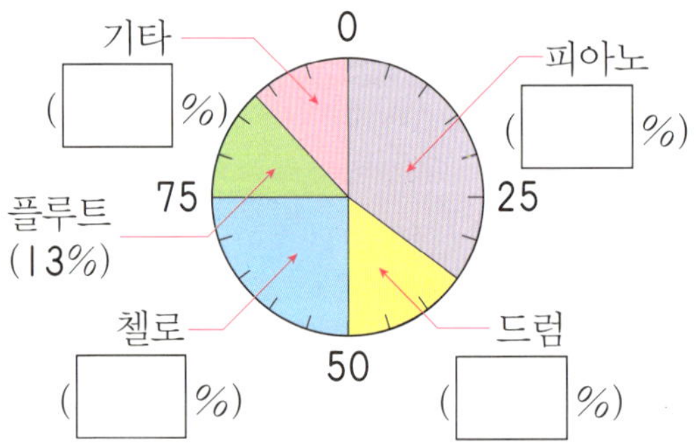

6 가장 많은 칸을 차지하는 악기는 무엇입니까?

[답]

✿ 이름 :

✿ 날짜 :

✿ 시간 :　　시　　분 ~ 　시　　분

◆ **원그래프 그리기(1)** ◆

🐸 은희네 반 학생들이 존경하는 위인을 조사하여 나타낸 표입니다. 물음에 답하시오.
[1~3]

<존경하는 위인>

위인	안중근	김구	허준	유관순	기타	계
학생 수(명)	8	14	4	8	6	40

1 전체 학생 수에 대한 존경하는 위인별 학생 수의 백분율을 구하시오.

<존경하는 위인>

위인	안중근	김구	허준	유관순	기타	계
백분율(%)						

2 백분율의 합계는 100%입니까?

[답]

3 1의 표를 보고 원그래프를 그려 보시오.

<존경하는 위인>

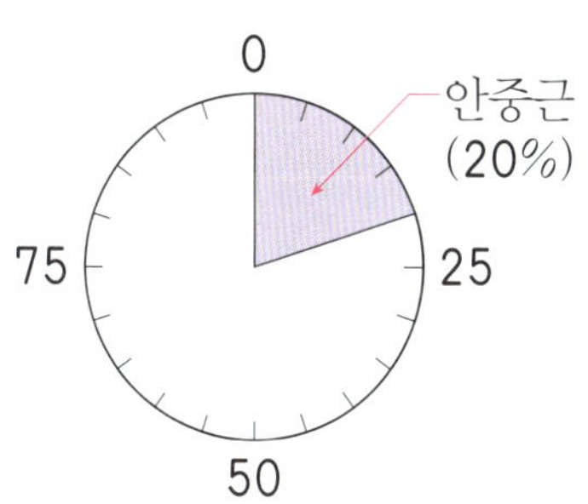

사고력 학습

원준이네 학교 학생들이 좋아하는 과일을 조사하여 나타낸 표입니다. 물음에 답하시오. [4~6]

〈좋아하는 과일〉

과일	포도	귤	키위	딸기	기타	계
학생 수(명)	75	45	30	90	60	300

4 전체 학생 수에 대한 각 과일을 좋아하는 학생 수의 백분율을 구하시오.

〈좋아하는 과일〉

과일	포도	귤	키위	딸기	기타	계
백분율(%)						

5 백분율의 합계는 100%입니까?

[답]

6 4의 표를 보고 원그래프를 그려 보시오.

〈좋아하는 과일〉

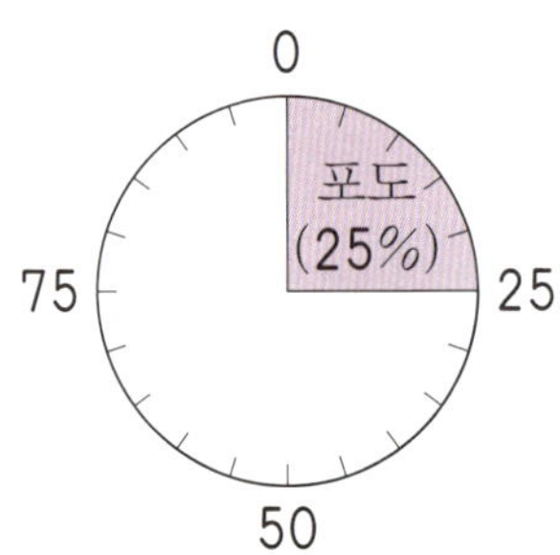

◆ 원그래프 그리기(2) ◆

1 다정이네 반 학생들이 생일날 받고 싶어 하는 선물을 조사하여 나타낸 표입니다. 표의 빈칸에 알맞은 수를 써넣고 원그래프를 그려 보시오.

〈생일날 받고 싶어 하는 선물〉

물건	학생 수(명)	백분율(%)
게임기	9	
강아지	9	
옷	3	
자전거	6	
기타	3	
계	30	

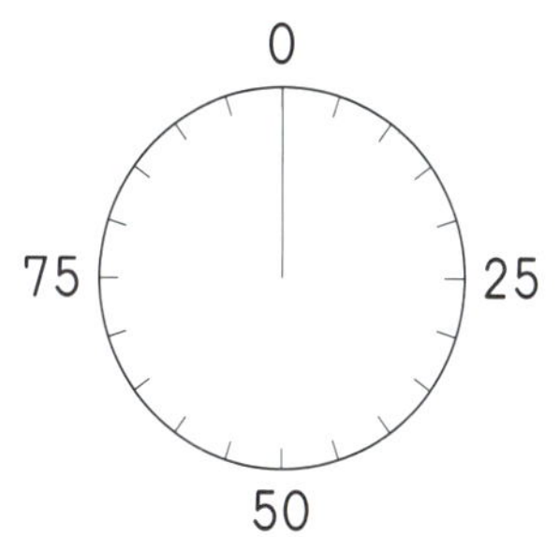
〈생일날 받고 싶어 하는 선물〉

2 가은이네 반 학생들의 음악 점수를 조사하여 나타낸 표입니다. 표의 빈칸에 알맞은 수를 써넣고 원그래프를 그려 보시오.

〈음악 점수〉

점수	학생 수(명)	백분율(%)
70점 미만	12	
70점 이상 80점 미만		40
80점 이상 90점 미만	10	
90점 이상		5
계	40	

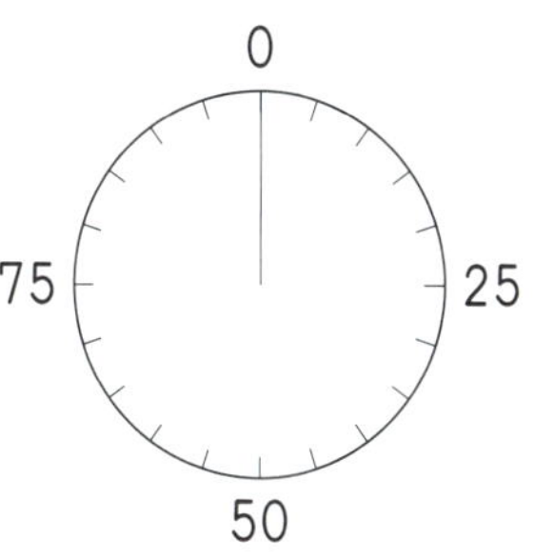
〈음악 점수〉

다음 자료를 보고 물음에 답하시오. [3~4]

> 은빈이네 마을 사람들이 구독하는 신문 부수를 조사하였더니 가 신문은 120부, 나 신문은 100부, 다 신문은 80부, 라 신문은 125부, 기타가 75부였습니다.

3 자료를 보고 표를 완성하시오.

〈신문별 구독 부수〉

신문	가	나	다	라	기타	계
구독 부수(부)						
백분율(%)						

4 3의 표를 보고 원그래프를 그려 보시오.

〈신문별 구독 부수〉

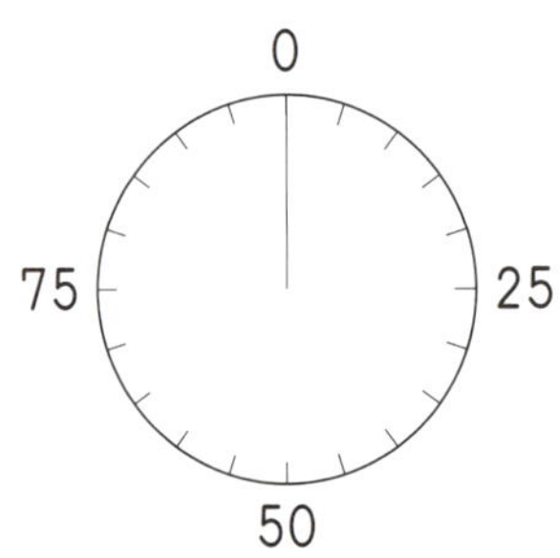

◆ 원그래프에서 여러 가지 사실 알기(1) ◆

수빈이네 반 학생들이 가고 싶어 하는 체험 학습 장소를 조사하여 나타낸 원그래프 입니다. 물음에 답하시오. [1~3]

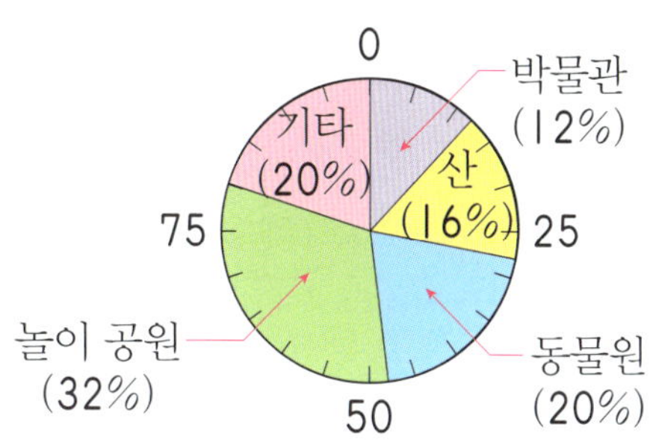

1 가장 많은 학생들이 가고 싶어 하는 체험 학습 장소는 어디입니까?

[답]

2 동물원을 가고 싶어 하는 학생 수의 비율은 몇 %입니까?

[답]

3 놀이 공원을 가고 싶어 하는 학생 수는 산을 가고 싶어 하는 학생 수의 몇 배 입니까?

[답]

영훈이네 학교 학생들의 성씨를 조사하여 나타낸 원그래프입니다. 물음에 답하시오. [4~7]

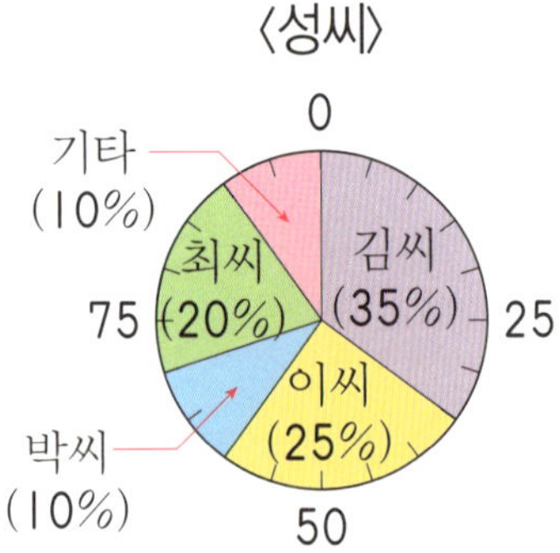

4 가장 많은 성씨는 무엇입니까?

[답]

5 성씨가 최씨인 학생 수는 박씨인 학생 수의 몇 배입니까?

[답]

6 성씨가 이씨인 학생 수가 60명이라면 조사한 학생은 모두 몇 명입니까?

[답]

7 박씨와 이씨를 합한 것과 비율이 같은 성씨는 무엇입니까?

[답]

 사고력 학습

이름 :

날짜 :

시간 : 시 분 ～ 시 분

확인

◆ **원그래프에서 여러 가지 사실 알기(2)** ◆

어느 마을에서 하루 동안 발생한 쓰레기의 양을 조사하여 나타낸 원그래프입니다. 물음에 답하시오. [1~4]

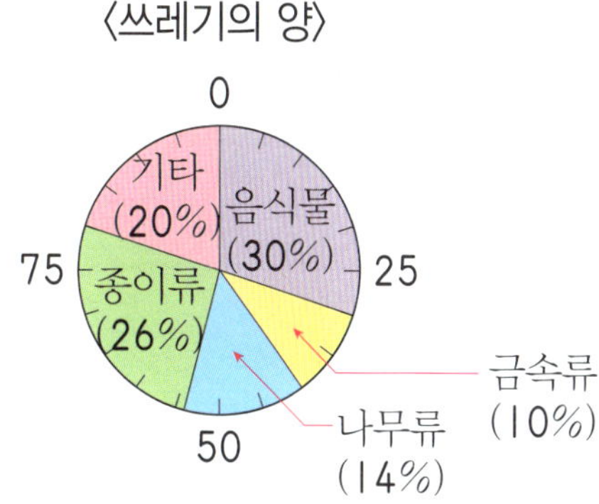

1 가장 많은 비율을 차지하는 쓰레기는 무엇입니까?

[답]

2 음식물의 비율은 금속류의 비율보다 몇 % 더 많습니까?

[답]

3 나무류의 양이 21톤이었다면 종이류의 양은 몇 톤입니까?

[답]

4 원그래프를 보고 표를 완성하시오.

〈쓰레기의 양〉

쓰레기	음식물	금속류	나무류	종이류	기타	계
쓰레기의 양(톤)						150
백분율(%)	30					

예원이네 마을에서 생산된 곡물의 양을 조사하여 나타낸 원그래프입니다. 물음에 답하시오. [5~8]

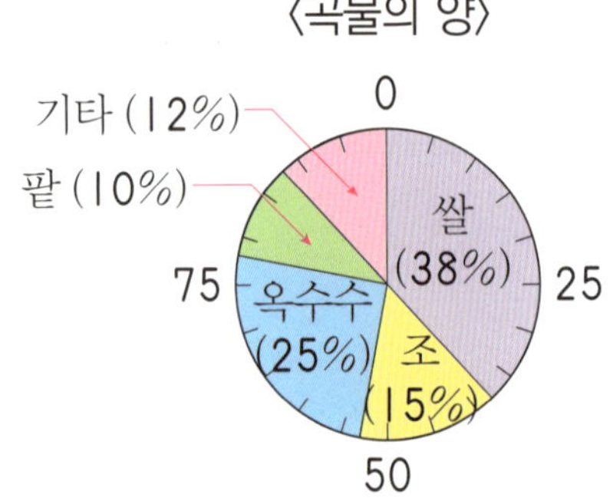

5 두 번째로 많이 생산된 곡물은 무엇입니까?

[답] ______________________

6 가장 많이 생산된 곡물과 두 번째로 많이 생산된 곡물의 비율을 합친 것은 전체의 몇 %를 차지합니까?

[답] ______________________

7 전체 생산량이 45000kg이라면 옥수수의 생산량은 몇 kg입니까?

[답] ______________________

8 원그래프를 보고 표를 완성하시오.

〈곡물의 양〉

곡물	쌀	조	옥수수	팥	기타	계
곡물의 양(kg)						45000
백분율(%)	38					

✿ 이름 :
✿ 날짜 :
✿ 시간 :　　시　　분 ~　　시　　분

확인

 창의력 학습

호돌이는 토순이와 사귄지 1년 되는 기념으로 토순이에게 꽃다발을 선물하기로 했습니다. 장미, 튤립, 해바라기를 합해 365송이로 다음과 같은 비율로 섞어서 꽃다발을 만들려고 합니다. 장미, 튤립, 해바라기를 각각 몇 송이 사야 하는지 차례로 구하시오.

〈꽃의 종류〉

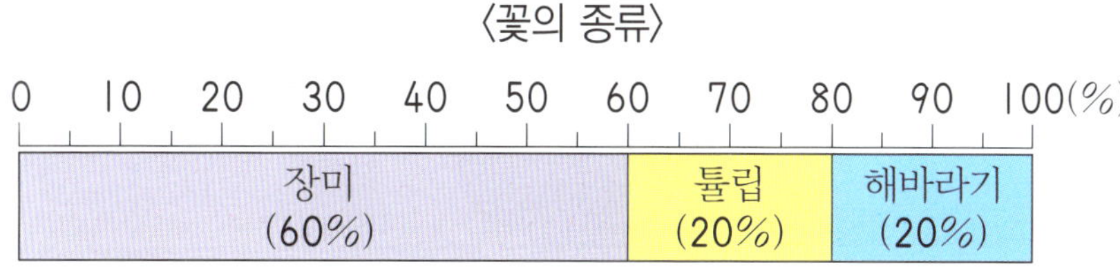

[답]

꿀순이의 하루 일과를 조사하여 나타낸 원그래프입니다. 꿀순이가 다이어트를 하기 위해 식사 시간의 반을 줄여 운동을 더 하려고 합니다. 운동의 비율은 얼마가 되겠습니까?

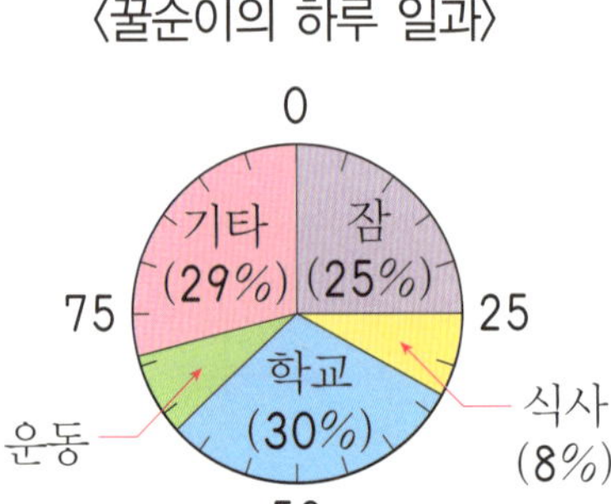

[답]

창의력 학습

경시대회 예상문제

 두 과수원의 과일 생산량을 조사하여 나타낸 띠그래프입니다. 가 과수원의 생산량은 5000kg이고 나 과수원의 생산량은 4000kg입니다. 물음에 답하시오. [1~3]

〈가 과수원의 과일 생산량〉

딸기 (27%)	배 (20%)	사과 (28%)	포도 (25%)

〈나 과수원의 과일 생산량〉

딸기 (30%)	배 (15%)	사과 (20%)	포도 (35%)

1 딸기 생산량이 더 많은 과수원은 어느 과수원입니까?

[답]

2 각 과수원의 과일 생산량을 길이가 30cm인 띠그래프로 나타낼 때 포도 생산량이 차지하는 부분은 어느 과수원이 몇 cm 더 깁니까?

[답]

3 가 과수원의 사과 생산량은 나 과수원의 어떤 과일의 생산량과 같습니까?

[답]

4 시장에서 산 채소별 지출을 나타낸 띠그래프입니다. 양파를 2400원에 샀다면 오이는 얼마입니까?

〈채소별 지출〉

오이	당근 (25%)	양파 (30%)	피망 (2000원)

[답]

왼쪽은 영빈이네 학교 남학생 수와 여학생 수의 비, 오른쪽은 영빈이네 학교 여학생의 혈액형을 조사하여 나타낸 원그래프입니다. 물음에 답하시오. [5~6]

〈남학생 수와 여학생 수의 비〉　　〈여학생의 혈액형〉

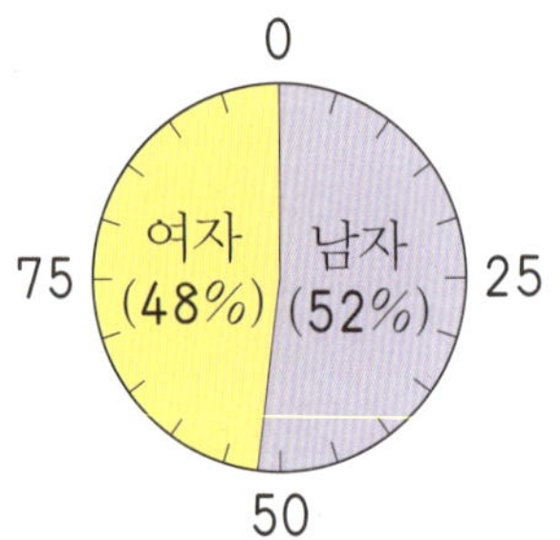

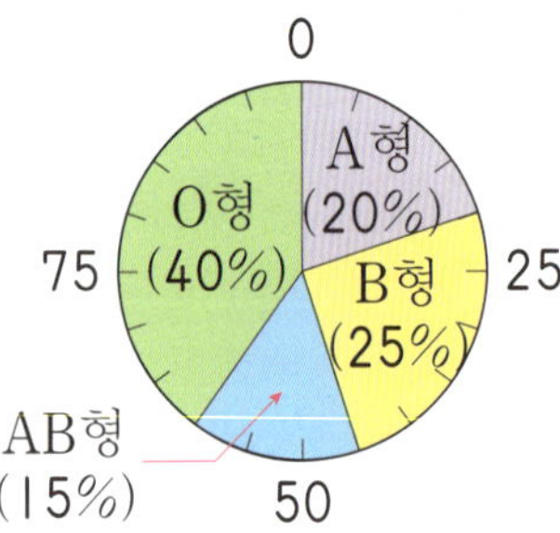

5 혈액형이 B형인 여학생은 전체 학생 수의 몇 %입니까?

[답]

6 영빈이네 학교 학생 수가 750명이라면 혈액형이 O형인 여학생은 몇 명입니까?

[답]

7 왼쪽은 형준이네 학교 학년별 학생 수, 오른쪽은 형준이네 학교 6학년 학생의 안경을 쓰는 학생 수와 안경을 쓰지 않는 학생 수를 조사하여 나타낸 원그래프입니다. 6학년 학생 중 안경을 쓰는 학생이 108명이라면 형준이네 학교 전체 학생 수는 몇 명인지 풀이 과정을 쓰고 답을 구하시오.

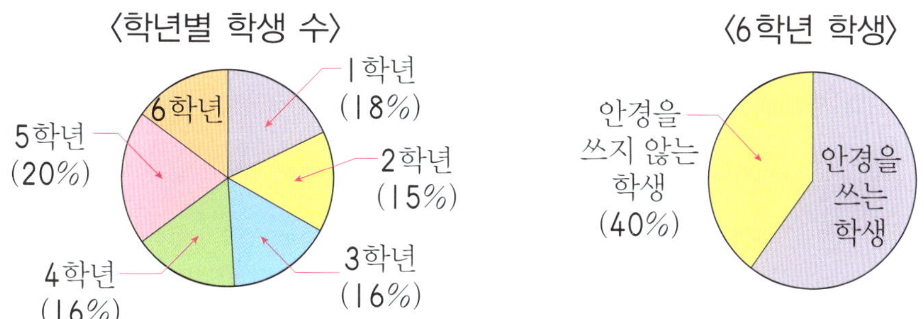

[답]

8 우진이네 학교 학생들의 생일을 계절별로 조사하여 나타낸 띠그래프입니다. 가을에 태어난 학생 수가 봄에 태어난 학생 수의 2배일 때 띠그래프를 보고 원그래프를 그려 보시오.

9 오른쪽 그림은 영국이네 반 학생들이 좋아하는 책의 종류를 조사하여 나타낸 원그래프입니다. 시집을 좋아하는 학생 수는 전체 학생 수의 $\frac{1}{8}$입니다.

원그래프를 길이가 20cm인 띠그래프로 나타낼 때 만화책을 좋아하는 학생들이 차지하는 부분은 몇 cm인지 풀이 과정을 쓰고 답을 구하시오.

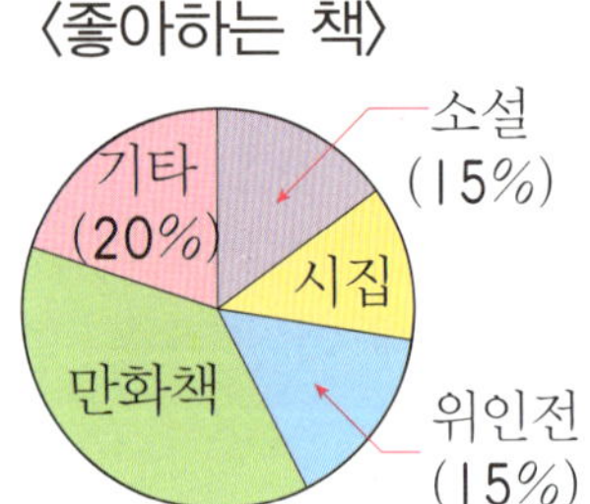
〈좋아하는 책〉

[답]

10 왼쪽의 원그래프는 마을별 학생 수를 조사하여 나타낸 것이고, 오른쪽의 띠그래프는 다 마을의 학생 수를 조사하여 나타낸 것입니다. 다 마을의 고등학생 수가 42명이라면 나 마을의 학생 수는 몇 명입니까?

〈마을별 학생 수〉　　　　〈다 마을의 학생 수〉

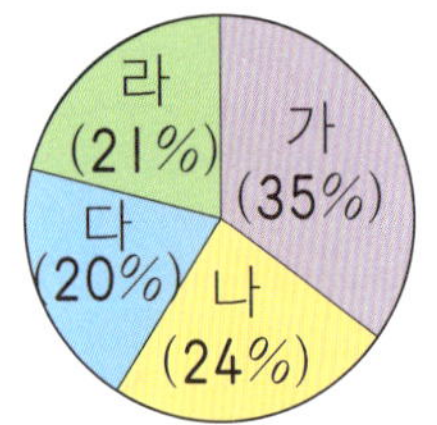

초등학생 (20%)	중학생 (30%)	고등학생 (35%)	대학생 (15%)

[답]

J2

J106a ~ J120b

학습 관리표

학습 내용		이번 주는?
확인 학습	· 여러 가지 입체도형 · 원주율과 원의 넓이 · 비율그래프 · 창의력 학습 · 경시대회 예상문제 · 성취도 테스트	• 학습 방법 : ① 매일매일　② 가끔　③ 한꺼번에 하였습니다. • 학습 태도 : ① 스스로 잘　② 시켜서 억지로 하였습니다. • 학습 흥미 : ① 재미있게　② 싫증내며 하였습니다. • 교재 내용 : ① 적합하다고　② 어렵다고　③ 쉽다고 하였습니다.
지도 교사가 부모님께		**부모님이 지도 교사께**
평가	Ⓐ 아주 잘함　　Ⓑ 잘함　　Ⓒ 보통　　Ⓓ 부족함	

원(교)　　　　반　　이름　　　　　전화

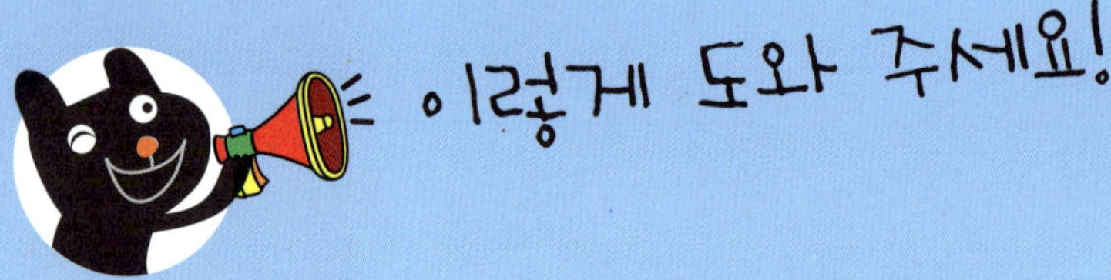

● 학습 목표
- 쌓기나무로 만든 입체 모양을 보고, 입체 모양을 만드는 데 사용된 쌓기나무의 개수를 구할 수 있습니다.
- 쌓기나무로 여러 가지 모양을 만들고 쌓은 규칙을 찾을 수 있습니다.
- 쌓기나무로 만든 것, 입체도형, 건축물의 위, 앞, 옆에서 본 모양을 추측하고 그릴 수 있습니다.
- 원주율을 이해하고 원주율을 이용하여 원주를 구할 수 있습니다.
- 원의 넓이를 구하는 방법을 이해하고 원의 넓이를 구할 수 있습니다.
- 띠그래프를 그릴 수 있고, 띠그래프를 보고 전체와 부분에 대한 통계적 사실을 알고, 주어진 정보를 읽을 수 있습니다.
- 원그래프를 그릴 수 있고, 원그래프를 보고 전체와 부분에 대한 통계적 사실을 알고, 주어진 정보를 읽을 수 있습니다.

● 지도 내용
- 쌓기나무로 만든 모양을 보고 여러 가지 방법을 사용하여 사용된 쌓기나무의 개수를 구해 보게 합니다.
- 규칙적으로 쌓은 쌓기나무를 보고 규칙을 찾아보게 하고, 규칙을 정하여 쌓기나무를 쌓아 보게 합니다.
- 쌓기나무로 쌓은 모양, 입체도형, 건축물의 위, 앞, 옆에서 본 모양을 예측하고 그려 보게 합니다.
- 원주율을 이해하고 원주율을 이용하여 원주를 구하는 방법을 알아보게 합니다.
- 원의 넓이 구하는 방법을 이해하고 원의 넓이를 구하게 합니다.
- 지름의 길이를 알고 원의 넓이를 구하고, 반지름의 길이를 알고 원의 넓이를 구하게 합니다.
- 띠그래프와 원그래프를 알게 하고, 주어진 자료를 보고 전체에 대한 각 부분의 비율을 나타내게 합니다.
- 주어진 자료의 각 부분의 비율을 띠그래프와 원그래프로 나타내게 합니다.
- 주어진 띠그래프와 원그래프를 이용하여 다양한 문제를 만들어 해결하게 합니다.

● 지도 요점
앞에서 학습한 여러 가지 입체도형, 원주율과 원의 넓이, 비율그래프를 확인 학습하는 주입니다. 여러 유형의 문제를 접해 보게 함으로써 아이가 학습한 지식을 잘 응용할 수 있도록 지도해 주십시오. 그리고 성취도 테스트를 이용해서 주어진 시간 내에 주어진 문제를 푸는 연습을 하도록 지도해 주십시오.

✿ 이름 :
✿ 날짜 :
✿ 시간 :   시   분 ~   시   분

◆ **여러 가지 입체도형** ◆

🐸 쌓여 있는 쌓기나무 모양을 보고 빈칸에 알맞은 수를 써넣으시오. [1~2]

1

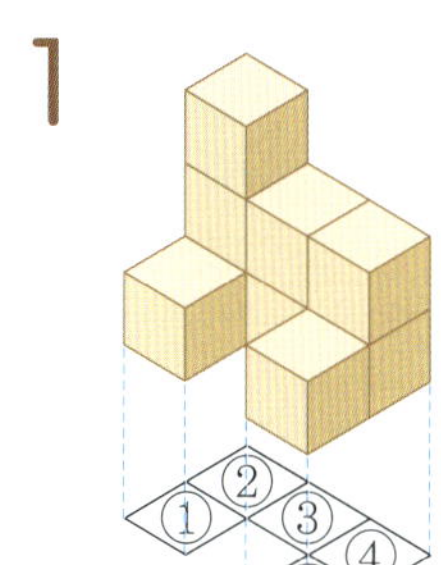

자리	①	②	③	④	⑤	계
쌓기나무의 수(개)						

2

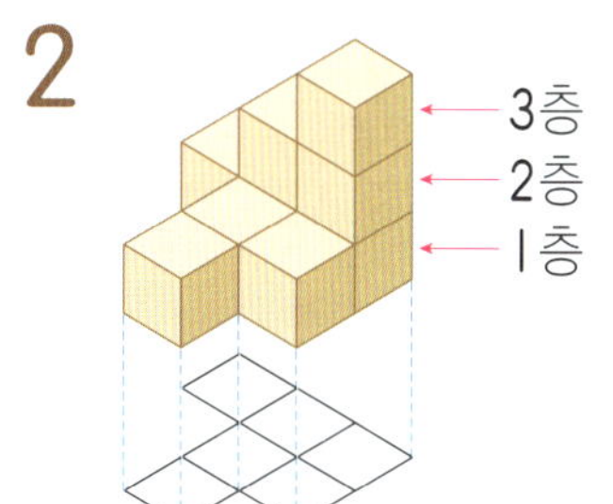

층	3층	2층	1층	계
쌓기나무의 수(개)				

3 그림과 같은 모양을 만들기 위해서 필요한 쌓기나무는 몇 개입니까?

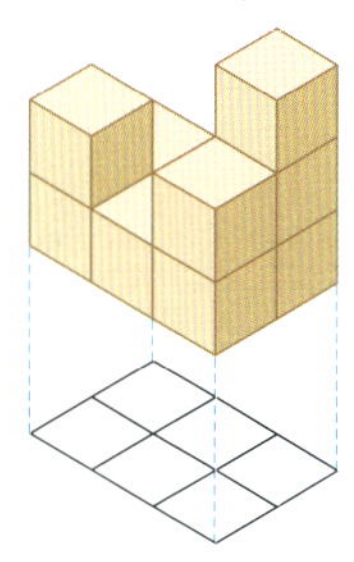

[답]

확인 학습

4 그림과 같은 모양을 만들기 위해서 필요한 쌓기나무의 개수가 많은 것부터 차례로 쓰시오.

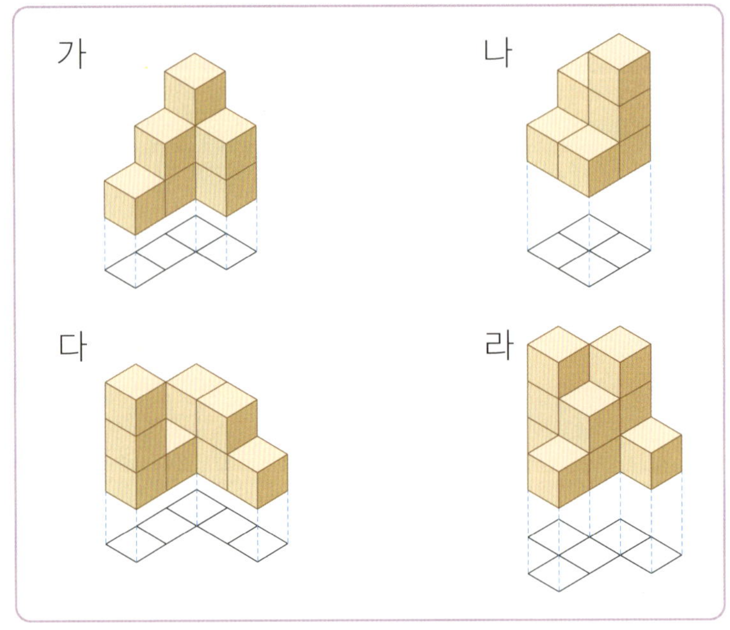

[답] ________________________

5 오른쪽 그림에서 각 칸의 숫자는 그 자리에 쌓아 올릴 쌓기나무의 개수입니다. 3층에 쌓을 쌓기나무는 몇 개입니까?

3	3	2
2	1	3
		3

[답] ________________________

확인 학습

6 은주는 쌓기나무를 15개 가지고 있습니다. 다음과 같은 모양을 만들고 남은 쌓기나무는 몇 개입니까?

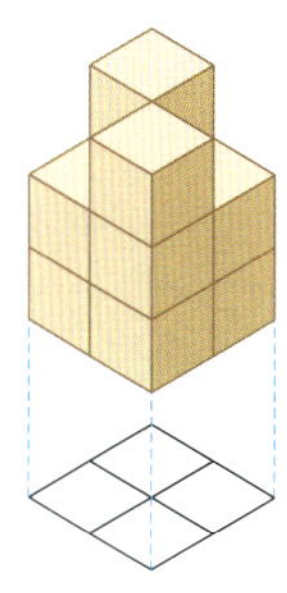

[답]

7 형준이와 재은이가 다음과 같은 모양을 만들었습니다. 누가 쌓기나무를 몇 개 더 많이 사용하였습니까?

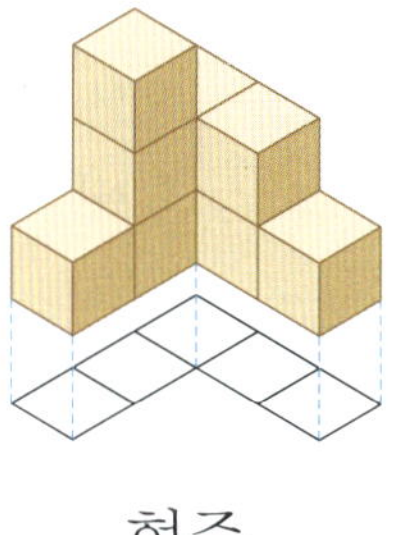

형준

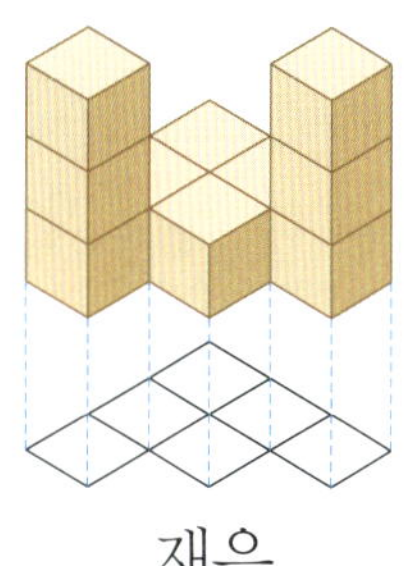

재은

[답]

🐸 쌓기나무로 만든 모양을 보고 물음에 답하시오. [8~9]

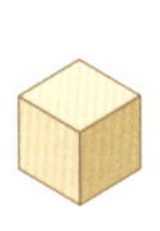 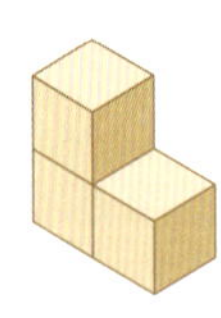 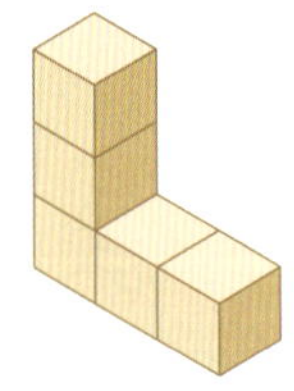 ?

8 쌓기나무로 만든 모양들의 규칙을 쓰시오.

[답]

9 네 번째에 올 모양을 만들기 위해서는 쌓기나무가 몇 개 필요합니까?

[답]

10 오른쪽 쌓기나무로 만든 모양의 규칙에 맞게 쌓기나무를 위로 한 층 더 쌓으려고 합니다. 쌓기나무는 몇 개 더 필요합니까?

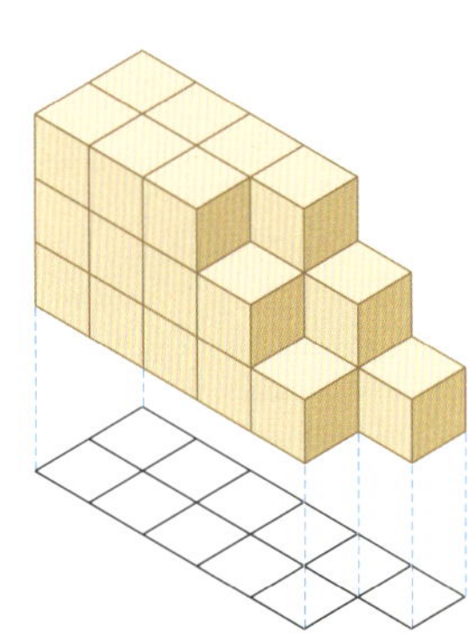

[답]

 확인 학습

확인 학습

11 쌓기나무 9개로 만든 모양입니다. 위, 앞, 옆에서 본 모양을 각각 그려 보시오.

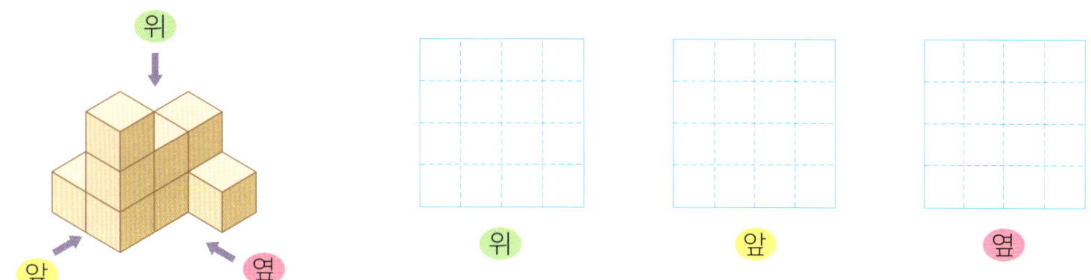

12 쌓기나무 11개로 만든 모양입니다. 옆에서 본 모양이 다른 하나를 찾아 쓰시오.

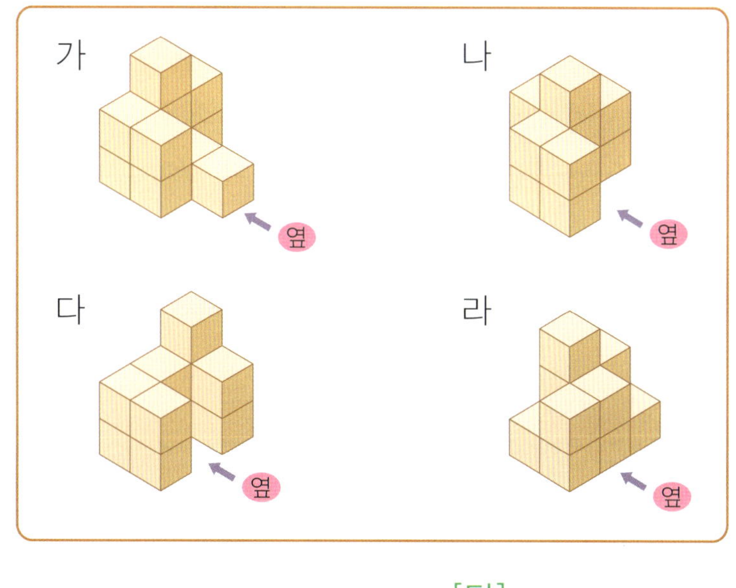

[답]

확인 학습

13 오른쪽 그림은 쌓기나무를 쌓아 만든 모양을 위에서 내려다 본 그림입니다. 각 칸에 있는 숫자는 그 칸 위에 쌓아 올린 쌓기나무의 개수입니다. 이 모양을 앞과 옆에서 본 모양을 각각 그려 보시오.

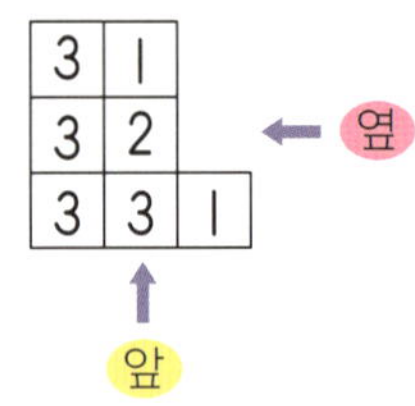

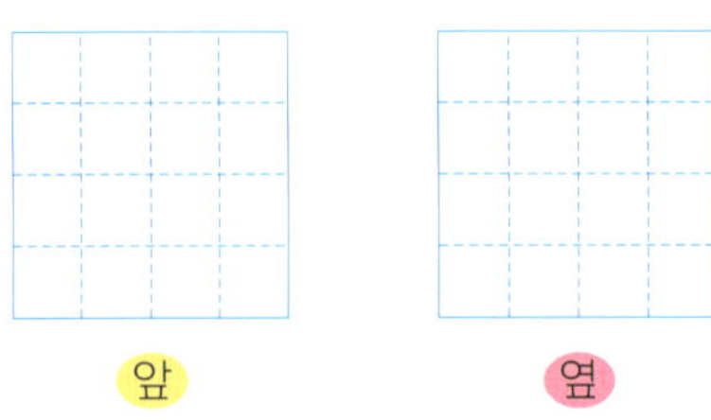

앞   옆

14 오른쪽 그림은 쌓기나무를 쌓아 만든 모양을 위에서 내려다 본 그림입니다. 각 칸에 있는 숫자는 그 칸 위에 쌓아 올린 쌓기나무의 개수입니다. 다음은 쌓기나무 **8**개로 만든 모양입니다. 오른쪽 그림과 앞에서 본 모양이 같도록 쌓기나무를 쌓은 사람은 누구입니까?

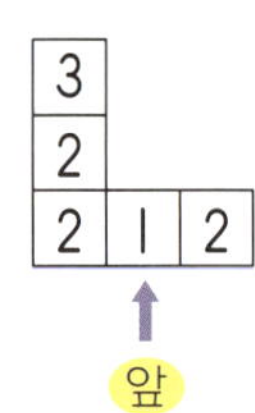

[답] ________________

15 위, 앞, 옆에서 본 모양이 다음과 같이 되도록 만들 때, 쌓기나무는 몇 개 필요합니까?

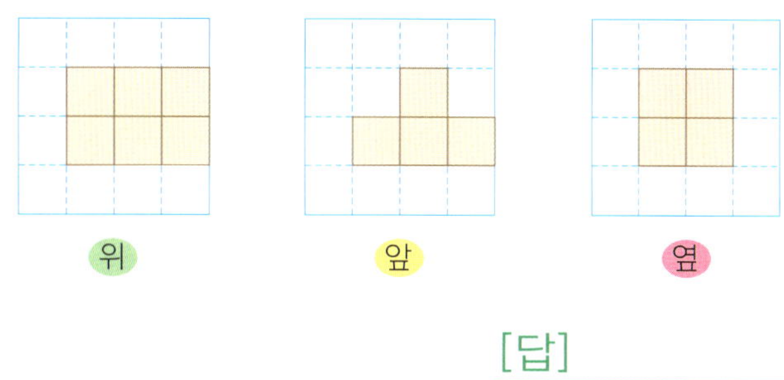

[답] ________________________

16 오른쪽은 쌓기나무 11개로 만든 모양입니다. 오른쪽 모양에서 파란색 쌓기나무 2개를 빼낸 후 위, 앞, 옆에서 본 모양을 각각 그려 보시오.

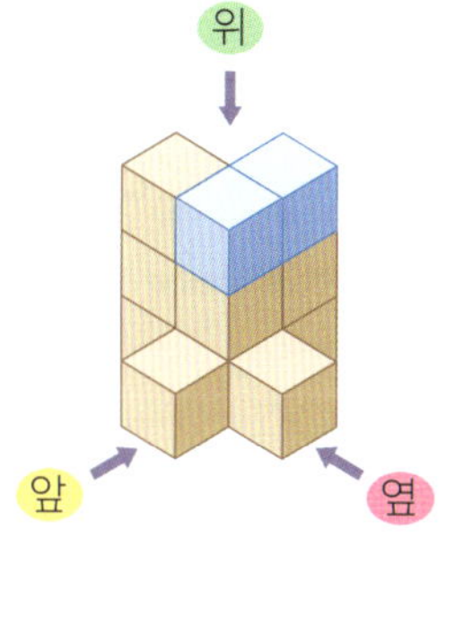

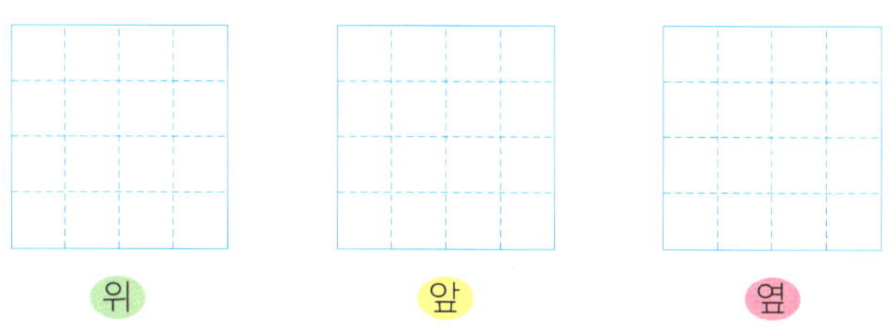

17 입체도형을 위, 앞, 옆에서 본 모양을 각각 그려 보시오.

18 오른쪽 입체도형을 옆에서 본 모양이 다음 입체도형을 앞에서 본 모양과 같은 것을 찾아 쓰시오.

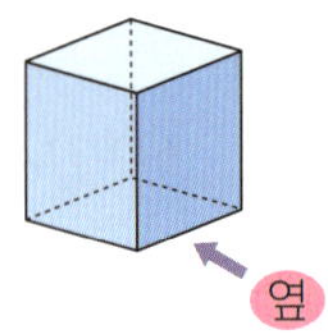

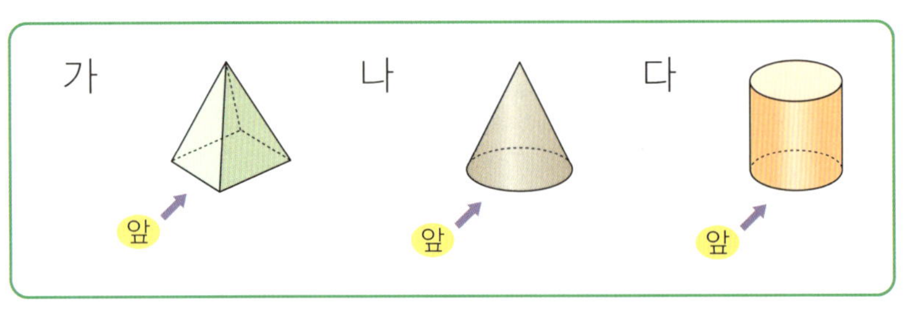

[답] _______________

19 입체도형을 위, 앞, 옆에서 본 그림을 보고 입체도형을 그려 보시오.

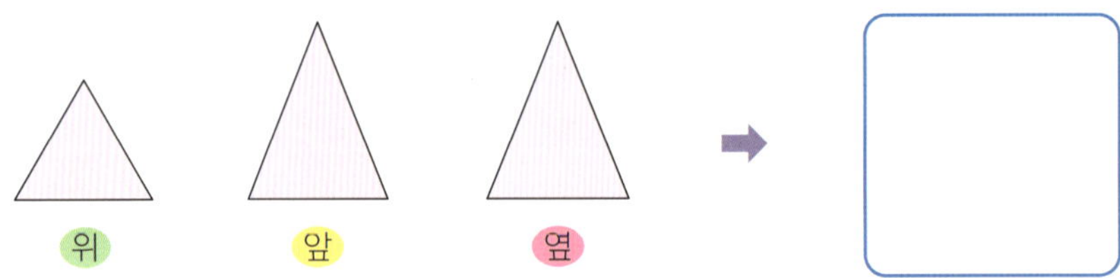

20 건축물을 앞, 옆에서 본 모양을 각각 그려 보시오.

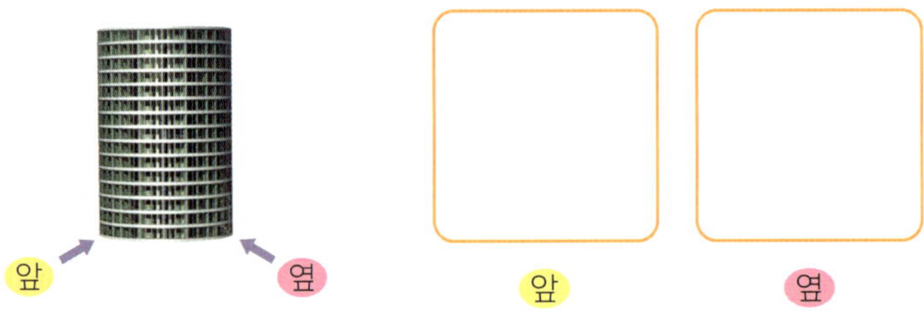

확인 학습

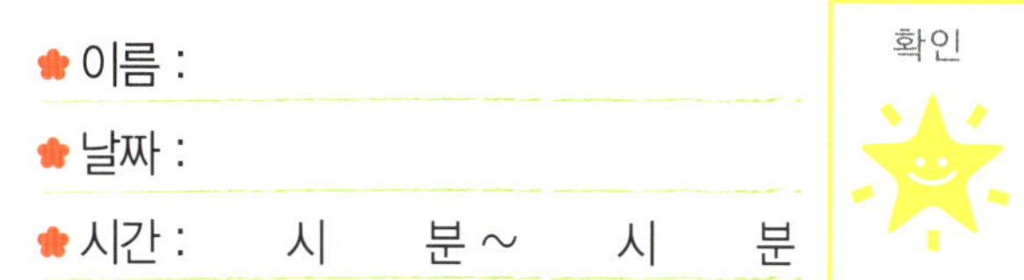

◆ 원주율과 원의 넓이 ◆

1 원주는 몇 cm입니까?

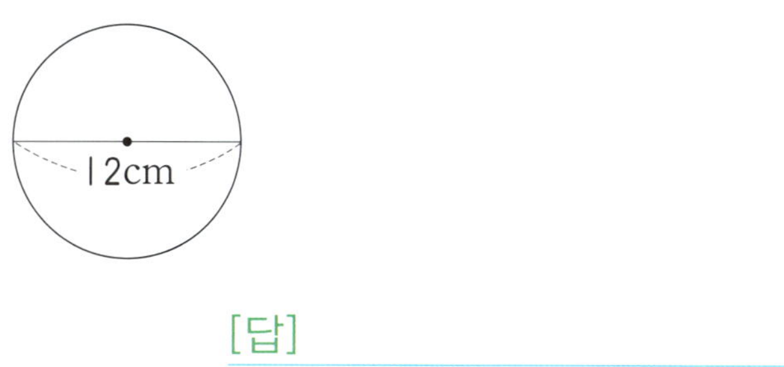

[답] ______________________________

2 원주가 43.96cm인 원이 있습니다. 이 원의 지름은 몇 cm입니까?

[답] ______________________________

3 원주가 53.38cm인 원이 있습니다. 이 원의 반지름은 몇 cm입니까?

[답] ______________________________

확인 학습

4 두 원의 원주의 합은 몇 cm입니까?

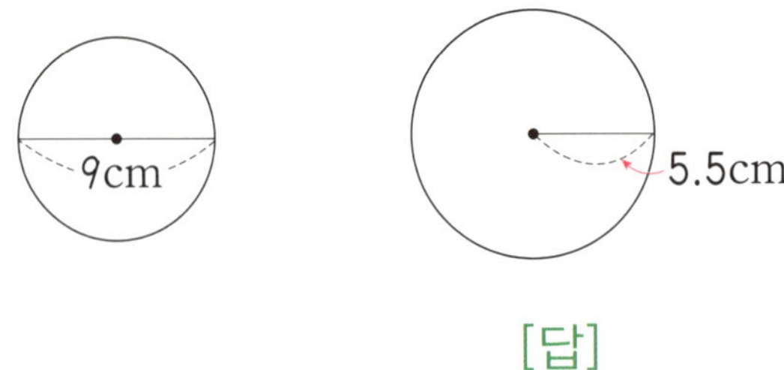

[답]

5 두 원의 원주의 차는 몇 cm입니까?

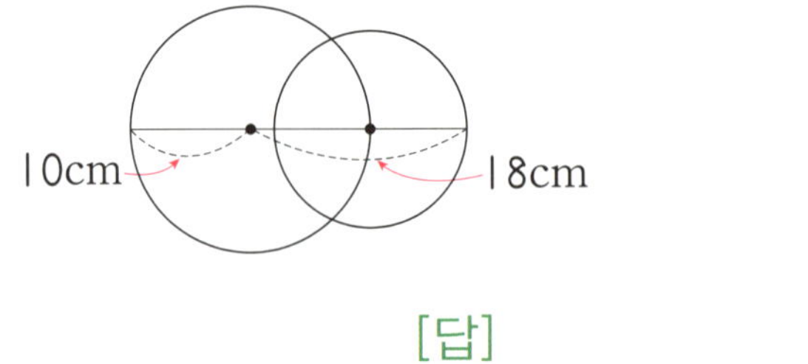

[답]

6 원의 크기가 작은 것부터 차례로 기호를 쓰시오.

> ㉠ 원주가 31.4cm인 원
> ㉡ 원주가 40.82cm인 원
> ㉢ 반지름이 7.5cm인 원

[답]

확인 학습

확인 학습

7 직사각형에서 색칠한 부분의 둘레는 몇 cm입니까?

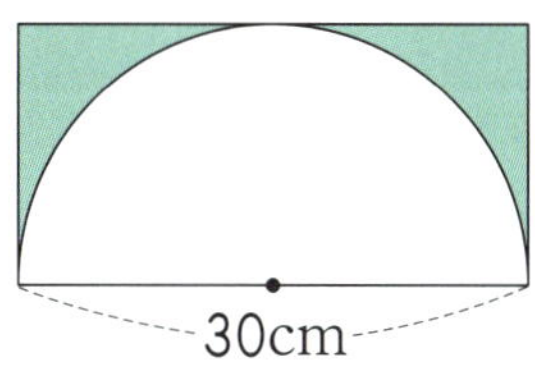

[답]

8 원 모양의 거울이 있습니다. 거울의 반지름이 9cm일 때 거울의 원주는 몇 cm입니까?

[답]

9 영웅이는 지름이 60cm인 굴렁쇠를 굴렸습니다. 굴렁쇠가 굴러간 거리가 565.2cm일 때 이 굴렁쇠는 몇 바퀴 굴러갔습니까?

[답]

10 길이가 69.08cm인 철사로 가장 큰 원을 만들려고 합니다. 원의 반지름은 몇 cm입니까?

[답]

11 모눈종이에 반지름이 5cm인 원을 그렸습니다. 원 안의 색칠된 부분의 넓이와 원 밖의 녹색 선으로 둘러싸인 부분의 넓이를 이용하여 원의 넓이를 어림하려고 합니다. ☐ 안에 알맞은 수를 써넣으시오.

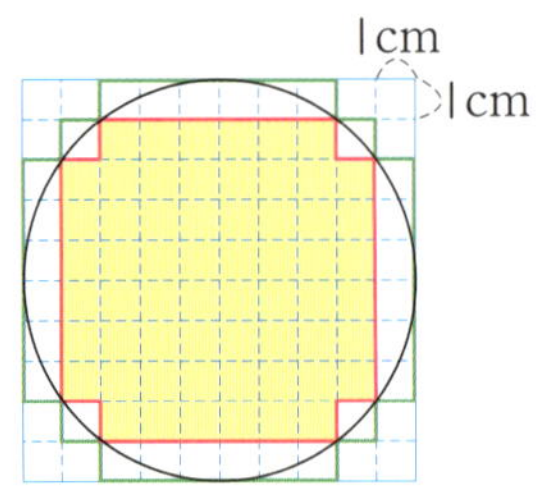

$$\boxed{}\,cm^2 < (원의 넓이) < \boxed{}\,cm^2$$

12 원 안의 정사각형의 넓이와 원 밖의 정사각형의 넓이를 구하여 원의 넓이를 어림하였습니다. 원의 넓이를 바르게 어림한 것을 찾아 기호를 쓰시오.

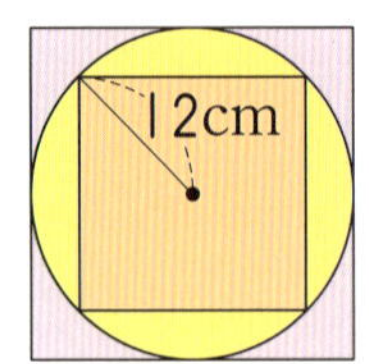

㉠ 174cm² ㉡ 278cm²
㉢ 346cm² ㉣ 580cm²

[답]

확인 학습

확인 학습

13 원의 넓이는 몇 cm²입니까?

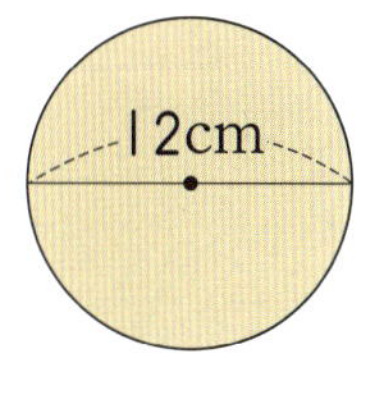

[답]

14 다음 원의 원주와 넓이를 차례로 구하시오.

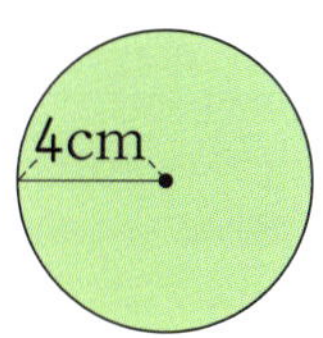

[답]

15 두 원의 넓이의 합은 몇 cm²입니까?

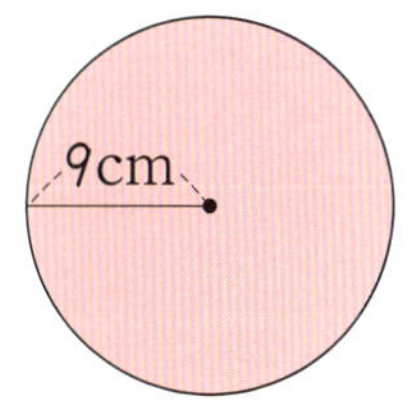

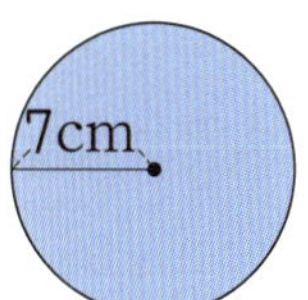

[답]

16 □ 안에 알맞은 수를 구하시오.

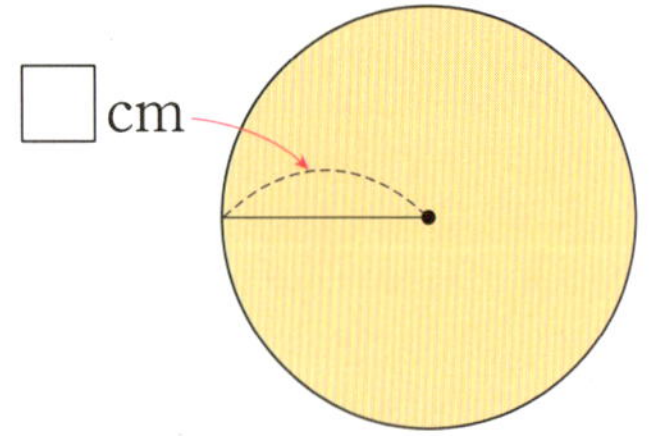

□cm

넓이: 200.96cm²

[답]

17 네 변의 길이의 합이 24cm인 정사각형 안에 들어갈 수 있는 가장 큰 원의 넓이는 몇 cm²입니까?

[답]

18 원주가 106.76cm인 원의 넓이는 몇 cm²입니까?

[답]

 확인 학습

19 넓이가 가장 넓은 원과 가장 좁은 원의 넓이의 차는 몇 cm²입니까?

> ㉠ 지름이 10cm인 원
> ㉡ 넓이가 452.16cm²인 원
> ㉢ 반지름이 9cm인 원

[답]

20 정사각형에서 색칠한 부분의 넓이는 몇 cm²입니까?

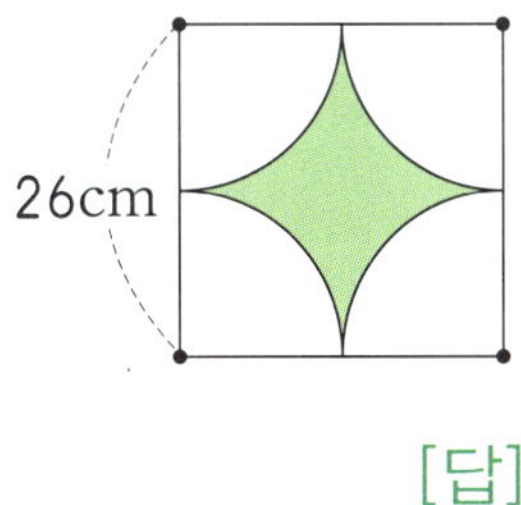

[답]

21 색칠한 부분의 넓이가 더 넓은 것을 쓰시오.

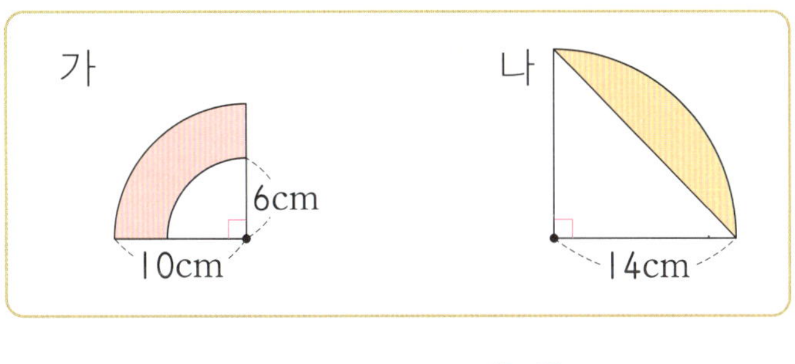

[답]

22 반지름이 7cm인 원 모양의 호떡이 있습니다. 이 호떡의 넓이는 몇 cm²입니까?

[답]

23 지름이 30cm인 원 모양의 종이가 있습니다. 이 종이의 넓이는 몇 cm²입니까?

[답]

24 길이가 34.54cm인 끈으로 가장 큰 원을 만들었습니다. 만든 원의 넓이는 몇 cm²입니까?

[답]

25 현우는 원주가 75.36cm인 원을 그렸고, 예은이는 지름이 20cm인 원을 그렸습니다. 누가 그린 원의 넓이가 몇 cm² 더 넓습니까?

[답]

◆ 비율그래프 ◆

영미네 학교 학생들이 좋아하는 동물을 조사하여 나타낸 표입니다. 물음에 답하시오. [1~4]

〈좋아하는 동물〉

동물	개	호랑이	기린	코알라	기타	계
학생 수(명)	50	40	36	30	44	200
백분율(%)						

1 전체 학생 수에 대한 각 동물을 좋아하는 학생 수의 백분율을 구하시오.

2 위의 표를 보고 ☐ 안에 알맞은 수를 써넣으시오.

〈좋아하는 동물〉

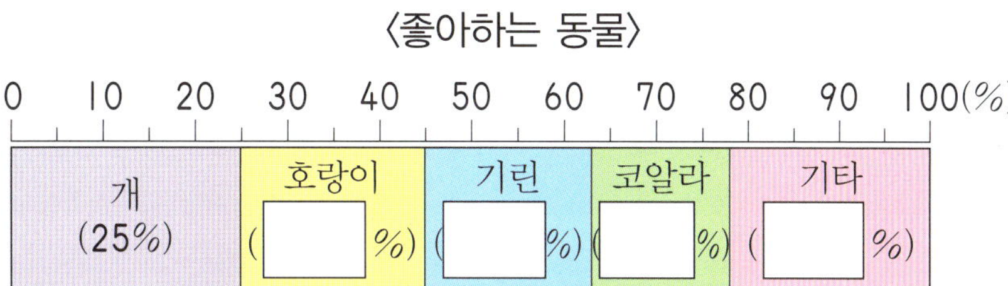

3 가장 많은 학생이 좋아하는 동물은 무엇입니까?

[답]

4 호랑이를 좋아하는 학생의 비율은 기린을 좋아하는 학생의 비율보다 몇 % 더 많습니까?

[답]

확인 학습

🐸 다음 자료를 보고 물음에 답하시오. [5~7]

> 정민이네 학교 학생들이 좋아하는 과일을 조사하였더니 딸기는 18명, 귤은 30명, 포도는 12명, 키위는 36명, 기타가 24명이었습니다.

5 자료를 보고 표를 완성하시오.

〈좋아하는 과일〉

과일	딸기	귤	포도	키위	기타	계
학생 수(명)						
백분율(%)						

6 5의 표를 보고 띠그래프를 그려 보시오.

〈좋아하는 과일〉

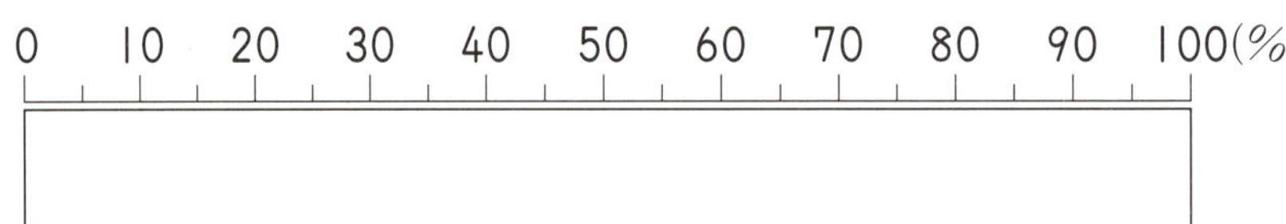

7 6의 띠그래프를 길이가 15cm인 띠그래프로 나타낼 때 키위를 좋아하는 학생들이 차지하는 부분은 몇 cm로 해야 합니까?

[답]

확인 학습

🐸 정진이네 반 학생들의 장래 희망을 조사하여 나타낸 띠그래프입니다. 물음에 답하시오. [8~11]

〈장래 희망〉

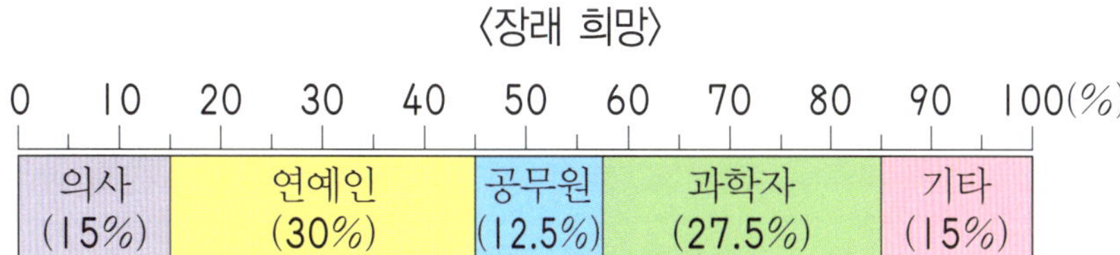

8 희망하는 학생 수가 가장 많은 장래 희망은 무엇입니까?

[답]

9 장래 희망이 연예인인 학생 수는 장래 희망이 의사인 학생 수의 몇 배입니까?

[답]

10 의사와 공무원을 합한 것과 비율이 같은 장래 희망은 무엇입니까?

[답]

11 장래 희망이 연예인인 학생 수가 15명이라면 정진이네 반 학생 수는 몇 명입니까?

[답]

수진이네 학교 학생들의 혈액형을 조사하여 나타낸 띠그래프입니다. 물음에 답하시오. [12~13]

〈혈액형〉

A형	B형 (27%)	AB형 (24%)	O형 (30%)

12 많은 비율을 차지하는 혈액형부터 차례로 쓰시오.

[답]

13 혈액형이 AB형인 학생이 72명이라면 혈액형이 O형인 학생은 몇 명입니까?

[답]

14 여진이네 농장에 있는 가축 150마리를 종류별로 조사하여 나타낸 띠그래프입니다. 닭의 수는 소의 수보다 몇 마리 더 많습니까?

〈가축〉

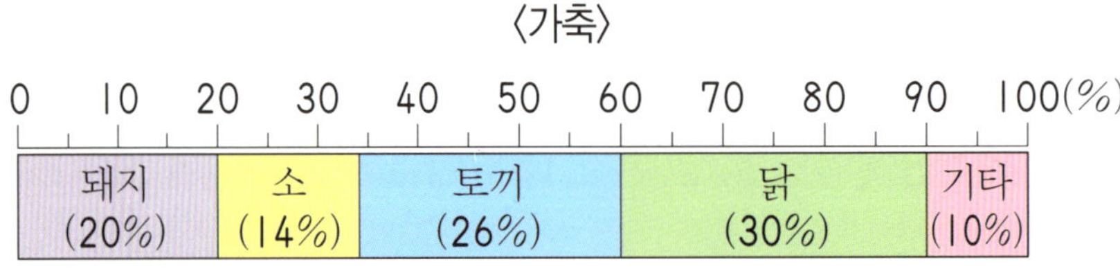

[답]

🐸 은정이네 학교 학생들이 좋아하는 운동을 조사하여 나타낸 표입니다. 물음에 답하시오. [15~18]

〈좋아하는 운동〉

운동	농구	축구	야구	육상	기타	계
학생 수(명)	28	35	42	14	21	140
백분율(%)						

15 전체 학생 수에 대한 각 운동을 좋아하는 학생 수의 백분율을 구하시오.

16 위의 표를 보고 □ 안에 알맞은 수를 써넣으시오.

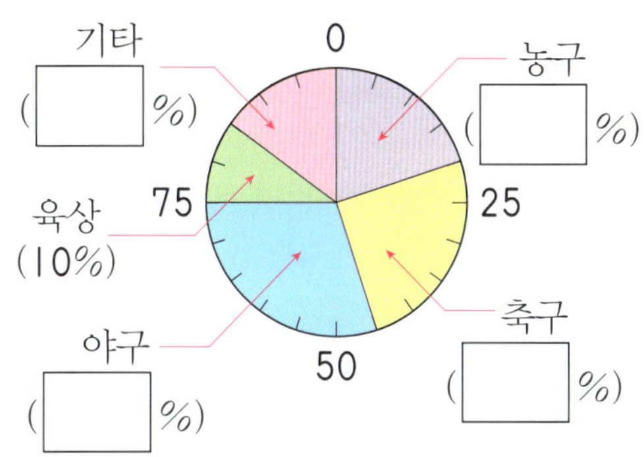

17 가장 많은 학생이 좋아하는 운동은 무엇입니까?

[답]

18 야구를 좋아하는 학생 수는 육상을 좋아하는 학생 수의 몇 배입니까?

[답]

확인 학습

🐸 다음 자료를 보고 물음에 답하시오. [19~21]

> 경민이네 반 학급 문고를 조사하였더니 위인전은 60권, 소설책은 40권, 참고서는 20권, 시집은 30권, 기타가 50권이었습니다.

19 자료를 보고 표를 완성하시오.

〈학급 문고〉

책	위인전	소설책	참고서	시집	기타	계
책의 수(권)						
백분율(%)						

20 19의 표를 보고 원그래프를 그려 보시오.

〈학급 문고〉

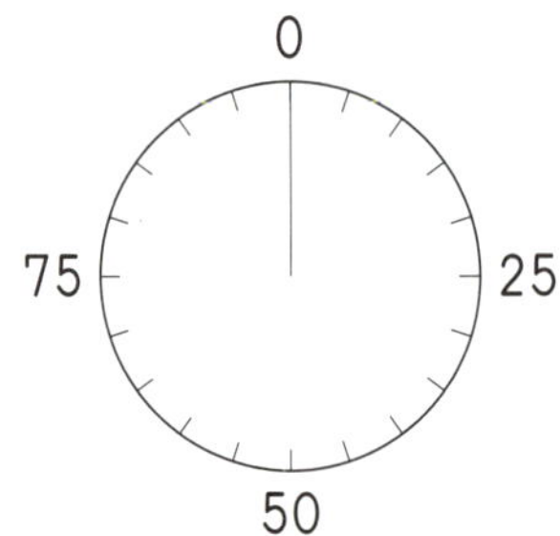

21 20의 원그래프를 길이가 24cm인 띠그래프로 나타낼 때 소설책이 차지하는 부분은 몇 cm로 해야 합니까?

[답]

 확인 학습

🐸 마을별 사과 생산량을 조사하여 나타낸 원그래프입니다. 물음에 답하시오. [22~25]

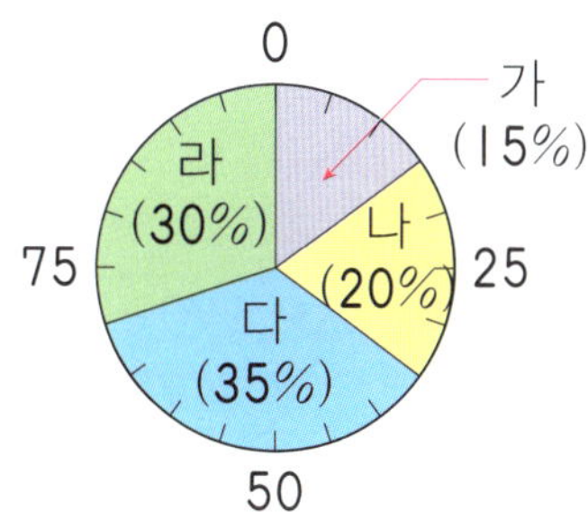

22 가장 많은 사과를 생산하는 마을은 어디입니까?

[답]

23 가 마을의 사과 생산량은 라 마을의 사과 생산량의 몇 배입니까?

[답]

24 다 마을의 사과 생산량이 525kg이라면 마을 전체의 사과 생산량은 몇 kg입니까?

[답]

25 원그래프를 보고 표를 완성하시오.

〈사과 생산량〉

마을	가	나	다	라	계
생산량(kg)					1500
백분율(%)	15				

어진이네 학교 학생 회장 선거에서 후보자별 득표율을 조사하여 나타낸 원그래프입니다. 물음에 답하시오. [26~27]

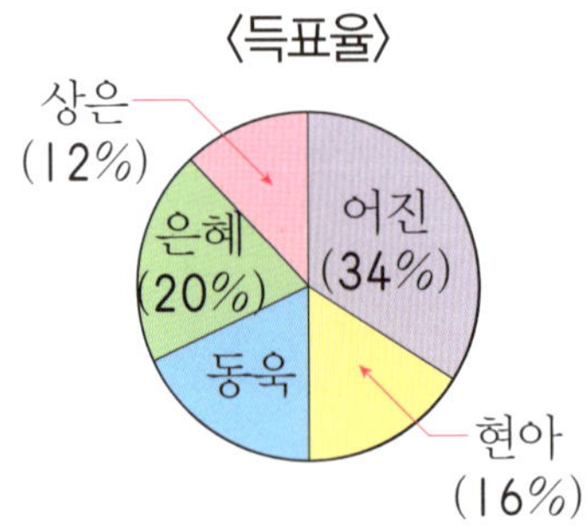

26 많은 득표율을 차지한 학생부터 차례로 쓰시오.

[답]

27 은혜의 득표 수가 240표라면 현아의 득표 수는 몇 표입니까?

[답]

28 오른쪽은 원경이네 학교 학생 120명이 좋아하는 과목을 조사하여 나타낸 원그래프입니다. 미술을 좋아하는 학생 수는 수학을 좋아하는 학생 수보다 몇 명 더 많습니까?

[답]

확인 학습

J-118a

🌐 창의력 학습

엉뚱 나라는 별난 나라를 쳐들어가기 위해 별난 나라의 성의 모양을 알아보았습니다. 다음은 별난 나라의 성의 모양을 위, 앞, 옆에서 본 모양을 그린 것입니다. 위, 앞, 옆에서 본 모양을 보고 별난 나라의 성을 찾아 쓰시오.

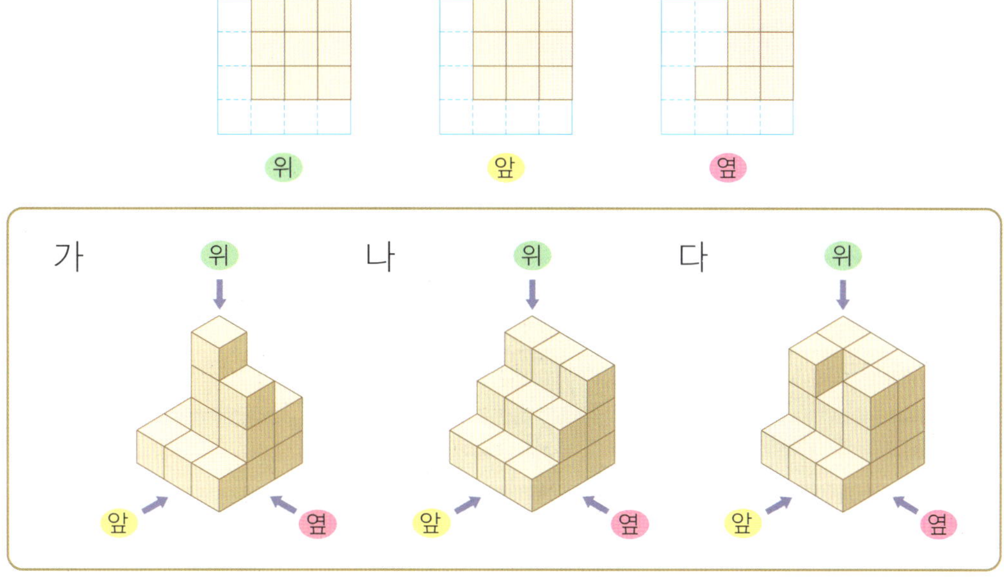

[답]

은정이가 분식집에서 먹은 음식별 가격을 조사하여 나타낸 띠그래프입니다. 김밥, 떡볶이, 라면, 순대를 각각 1인분씩 시켰습니다. 라면 1인분의 값이 3000원이라면 은정이가 분식집에서 먹은 음식은 모두 얼마입니까?

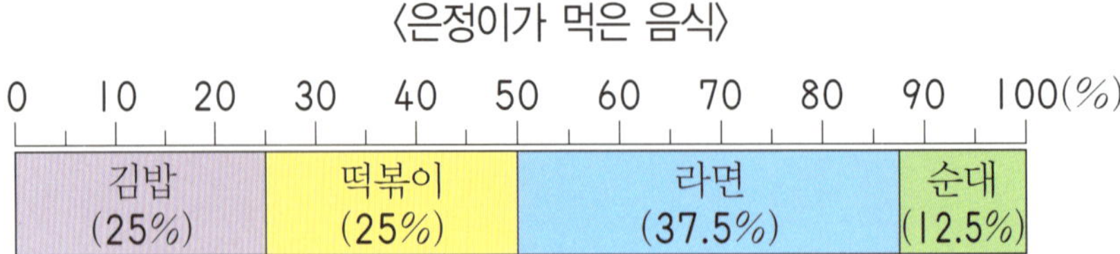

[답]

J-119a

✿ 이름 :
✿ 날짜 :
✿ 시간 :　시　분 ～　시　분

확인

 **경시대회 예상문제**

1 쌓기나무를 오른쪽 그림과 같이 일정한 규칙으로 6층까지 쌓는다면 사용되는 쌓기나무는 몇 개입니까?

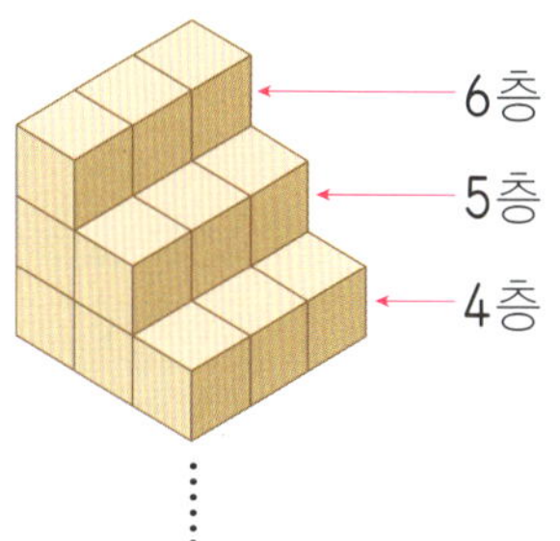

[답]

2 왼쪽과 같은 직육면체 모양에서 쌓기나무를 몇 개 빼내었더니 오른쪽과 같은 모양이 되었습니다. 빼낸 쌓기나무는 몇 개인지 풀이 과정을 쓰고 답을 구하시오.

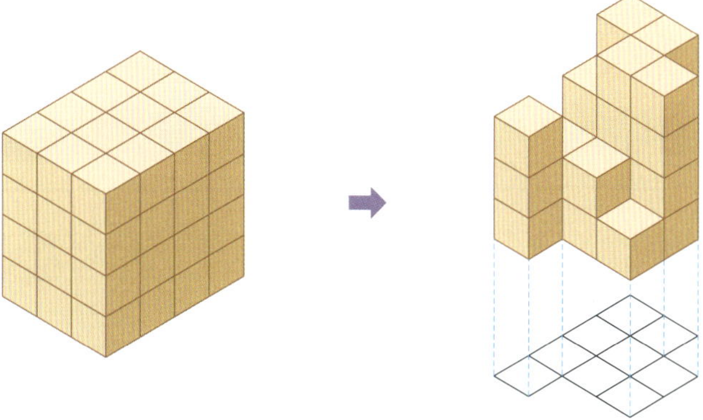

[답]

3 한울이와 서현이가 만든 쌓기나무를 위, 앞, 옆에서 본 모양입니다. 쌓기나무를 더 많이 사용한 사람은 누구입니까?

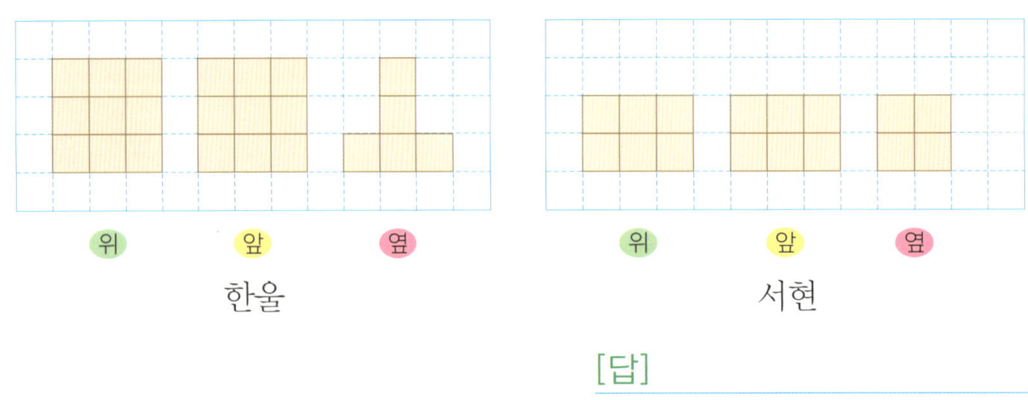

[답]

4 어느 운동장에 오른쪽과 같은 트랙이 있습니다. 트랙의 바깥쪽과 안쪽의 둘레의 길이의 합은 몇 m입니까?

[답]

5 □ 안에 알맞은 자연수를 모두 구하시오.

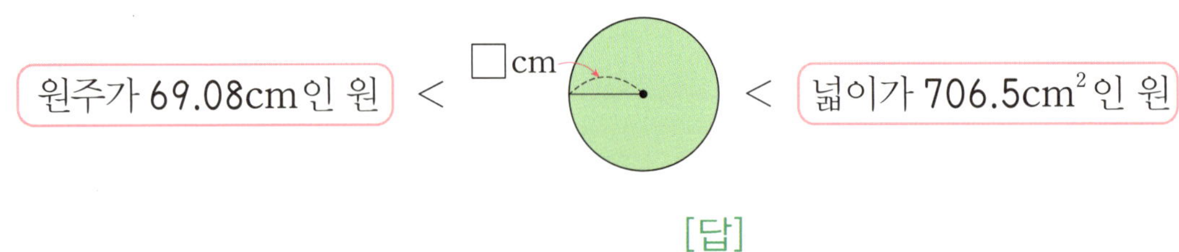

[답]

6 오른쪽 직사각형의 둘레가 54cm일 때 반원의 넓이는 몇 cm²인지 풀이 과정을 쓰고 답을 구하시오.

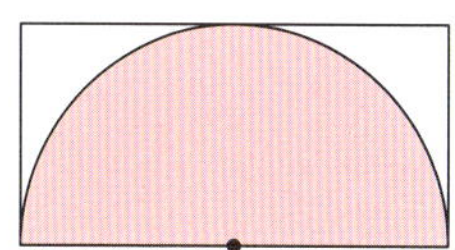

[답]

7 다음은 원과 직사각형을 겹쳐 놓은 것입니다. 색칠한 부분 가와 나의 넓이가 같을 때 색칠한 부분의 둘레는 몇 cm입니까?

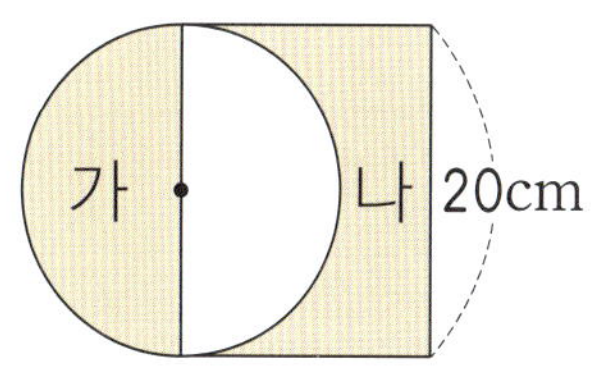

[답]

8 영민이네 학교 5학년과 6학년 학생들의 성씨를 조사하여 나타낸 띠그래프입니다. 5학년 학생 수는 200명이고 6학년 학생 수는 240명입니다. 박씨 성인 학생 수가 더 많은 학년은 몇 학년입니까?

〈5학년 학생들의 성씨〉

김씨 (35%)	이씨 (20%)	박씨 (22%)	최씨 (12%)	기타 (11%)

〈6학년 학생들의 성씨〉

김씨 (30%)	이씨 (25%)	박씨 (20%)	최씨 (15%)	기타 (10%)

[답]

9 현주네 마을 사람들이 구독하는 신문 부수를 조사하여 나타낸 원그래프입니다. 가 신문의 구독 부수가 120부라면 나 신문의 구독 부수는 몇 부입니까?

〈신문별 구독 부수〉

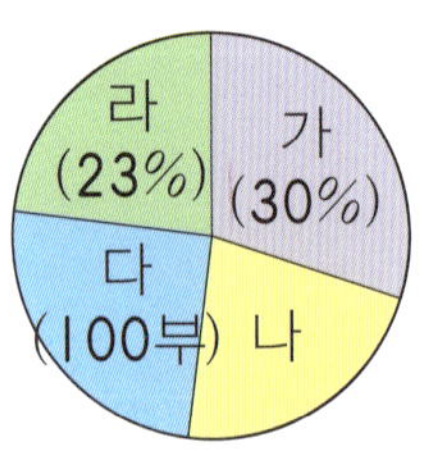

[답]

10 왼쪽의 띠그래프는 유영이네 학교 학생 500명이 살고 있는 마을을 조사하여 나타낸 것이고, 오른쪽의 원그래프는 라 마을에 살고 있는 학생들의 가족 수를 조사하여 나타낸 것입니다. 전체 띠그래프의 길이가 30cm일 때 라 마을에 살고 있는 학생 중 가족 수가 4명인 학생은 몇 명입니까?

〈살고 있는 마을〉 〈가족 수〉

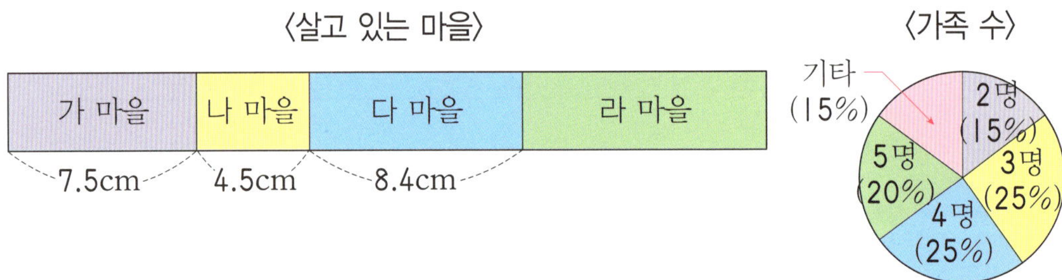

[답]

1 쌓기나무의 개수를 정확히 알 수 있는 것을 찾아 쓰시오.

가

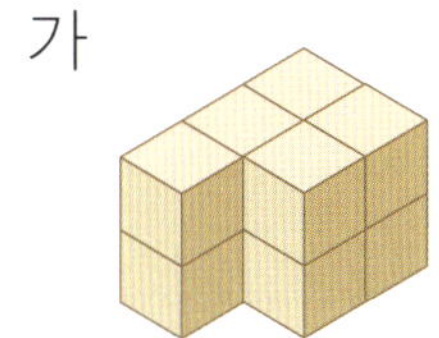

나

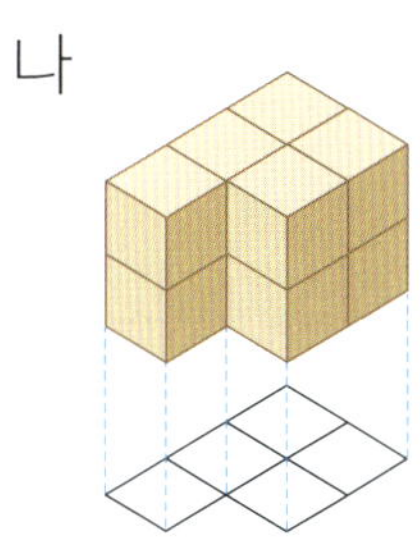

[답]

2 오른쪽 그림과 같은 모양을 만들기 위해서 필요한 쌓기나무는 몇 개입니까?

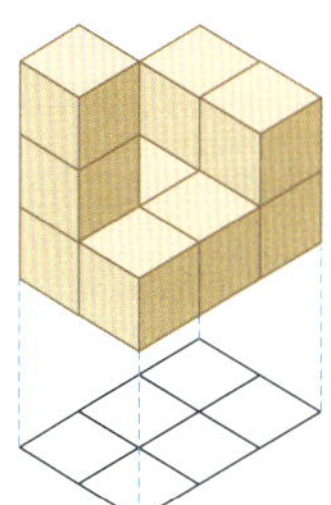

[답]

3 경민이와 혜진이가 오른쪽과 같은 모양을 만들었습니다. 누가 쌓기나무를 몇 개 더 많이 사용하였습니까?

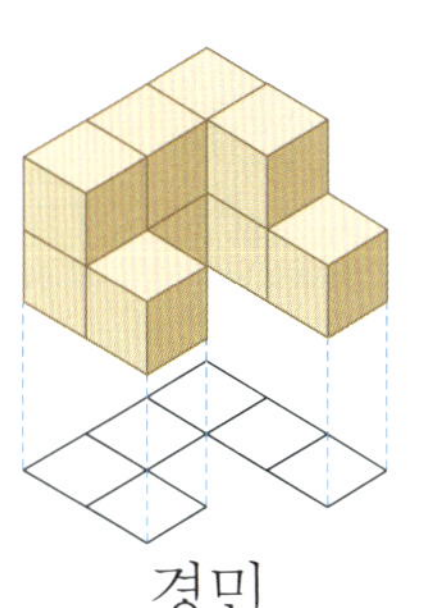

경민

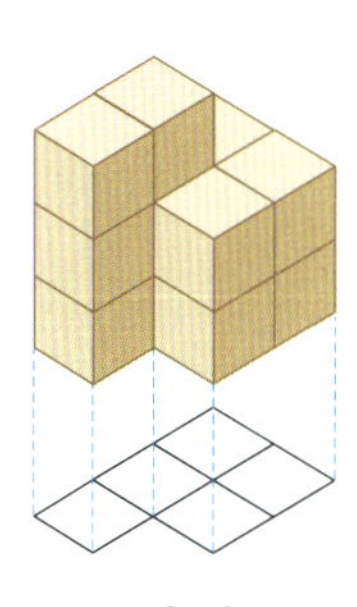

혜진

[답]

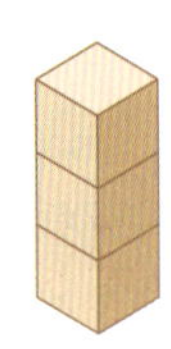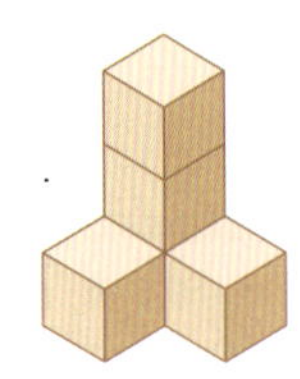

4 쌓기나무로 만든 모양들의 규칙을 쓰시오.

[답]

5 네 번째에 올 모양을 만들기 위해서는 쌓기나무가 몇 개 필요합니까?

[답]

6 위, 앞, 옆에서 본 모양이 다음과 같이 되도록 만들 때, 쌓기나무는 적어도 몇 개 필요합니까?

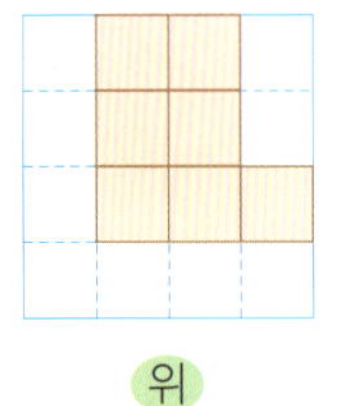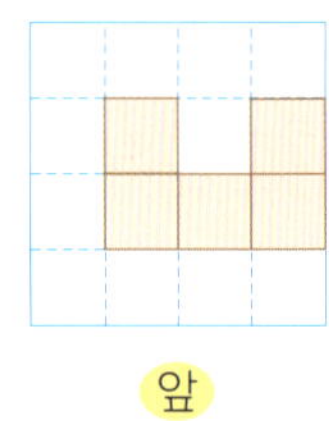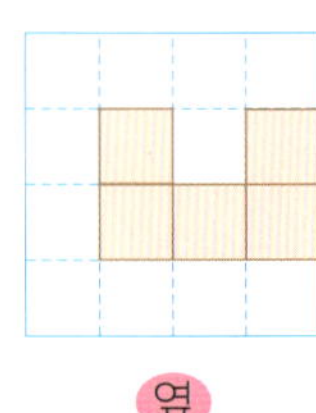

위   앞   옆

[답]

7 입체도형을 위, 앞, 옆에서 본 모양을 각각 그려 보시오.

8 원주는 몇 cm입니까?

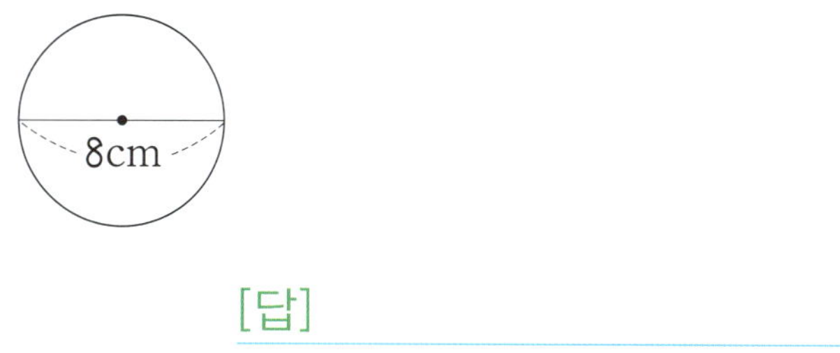

[답] ______________________

9 지름이 45cm인 자전거 바퀴를 3바퀴 굴리면 움직인 거리는 몇 cm입니까?

[답] ______________________

10 원 안의 마름모의 넓이와 원 밖의 정사각형의 넓이를 구하여 원의 넓이를 어림하였습니다. 원의 넓이를 바르게 어림한 것을 찾아 기호를 쓰시오.

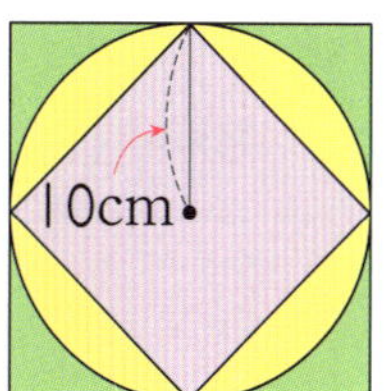

㉠ 175cm^2	㉡ 308cm^2
㉢ 420cm^2	㉣ 485cm^2

[답] ______________________

11 원의 넓이는 몇 cm^{2}입니까?

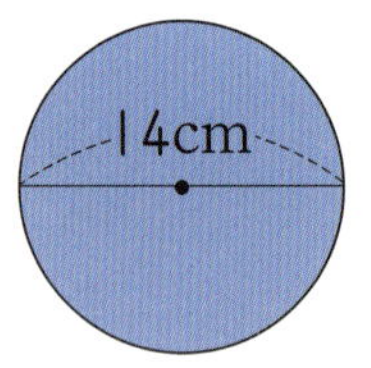

[답] ______________________________

12 넓이가 더 넓은 것의 기호를 쓰시오.

> ㉠ 지름이 16cm인 원　　　㉡ 원주가 37.68cm인 원

[답] ______________________________

13 반원 2개를 겹쳐놓은 것입니다. 색칠한 부분의 둘레와 넓이를 차례로 구하시오.

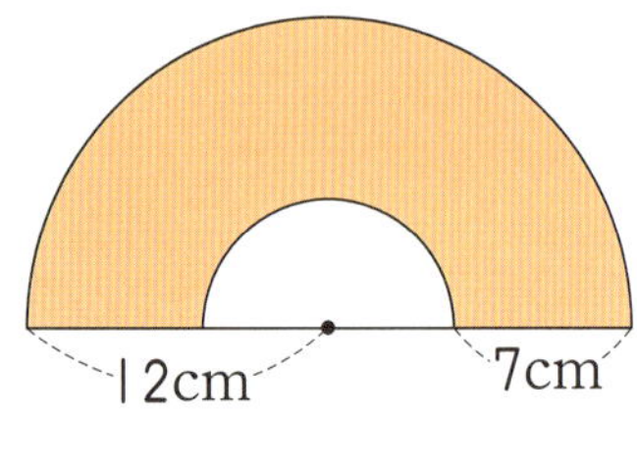

[답] ______________________________

영주네 학교 학생들이 좋아하는 계절을 조사하여 나타낸 표입니다. 물음에 답하시오. [14~17]

<좋아하는 계절>

계절	봄	여름	가을	겨울	계
학생 수(명)	60	45	90	105	300
백분율(%)					

14 전체 학생 수에 대한 각 계절을 좋아하는 학생 수의 백분율을 구하시오.

15 위의 표를 보고 띠그래프를 그려 보시오.

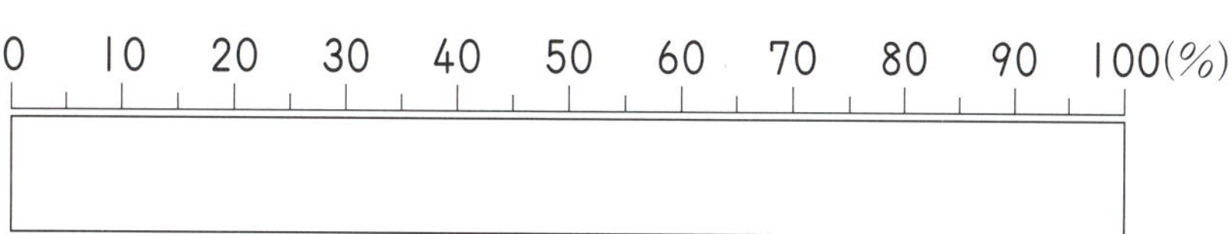

16 겨울을 좋아하는 학생의 비율은 여름을 좋아하는 학생의 비율보다 몇 % 더 많습니까?

[답]

17 15의 띠그래프를 길이가 12cm인 띠그래프로 나타낼 때 가을을 좋아하는 학생들이 차지하는 부분은 몇 cm로 해야 합니까?

[답]

🐸 주민이네 반 학생들이 좋아하는 간식을 조사하여 나타낸 원그래프입니다. 물음에 답하시오. [18~19]

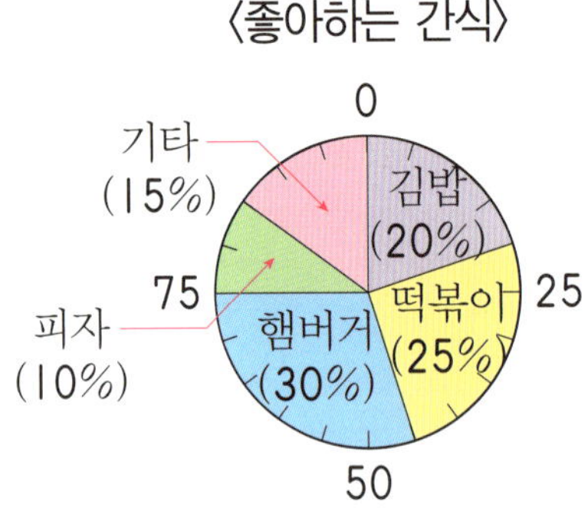

18 가장 많은 학생들이 좋아하는 간식은 무엇입니까?

[답]

19 떡볶이를 좋아하는 학생 수가 10명이라면 김밥을 좋아하는 학생 수는 몇 명입니까?

[답]

20 왼쪽은 미진이네 가족의 한 달 생활비의 지출 내역을 조사하여 나타낸 띠그래프입니다. 식품비가 연료비의 3배일 때 띠그래프를 보고 원그래프를 그려 보시오.

〈생활비 지출 내역〉

교육비 (27%)	식품비	의복비 (15%)	연료비	기타 (10%)

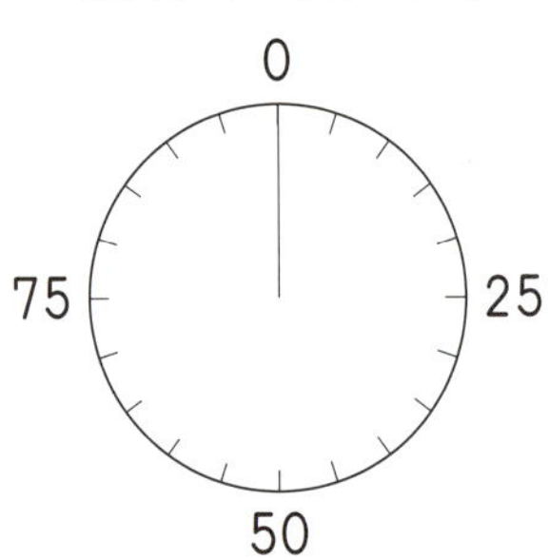

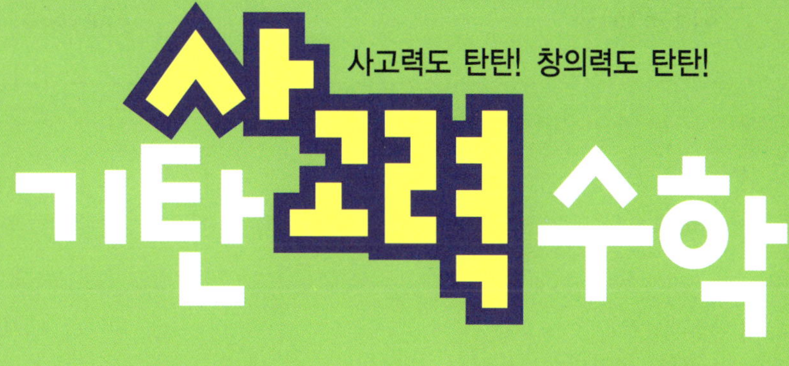

사고력도 탄탄! 창의력도 탄탄!
기탄 사고력 수학
해답

J61a~J120b

해답은 따로 보관하고 있다가
채점할 때 사용해 주세요.

61a~61b

1 알 수 없습니다.

2 알 수 있습니다.

3 7개

풀이
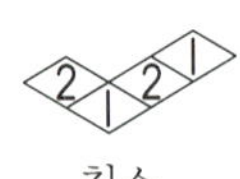 ➡ 7개

4 6개~9개

풀이 보이지 않는 부분까지 생각하면 쌓기나무가 최소 6개, 최대 9개까지 필요합니다.

최소   최대

5 6개

6 예 나 그림에는 쌓기나무 아래에 그림이 있습니다.

7 나 그림

62a~62b

1 1개

2 1개

3 1개

4 3개

5 2개

6 8개

7 1개

8 2개

9 5개

10 8개

63a~63b

1 2, 2, 1, 1, 6

2 1, 1, 2, 1, 2, 3, 10

3 1, 2, 1, 3, 1, 1, 1, 1, 11

4 1, 3, 3, 7

5 1, 1, 6, 8

6 1, 2, 7, 10

64a~64b

1 8개

풀이 쌓기나무의 각 자리별로 나누어 쌓기나무의 개수를 구해 봅니다.

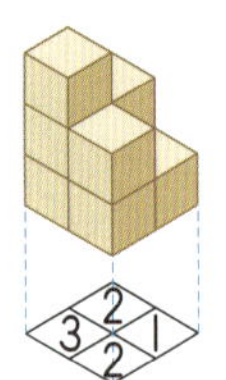
➡ 2+1+3+2=8(개)

2 10개

풀이 쌓기나무의 각 층별로 나누어 쌓기나무의 개수를 구해 봅니다.

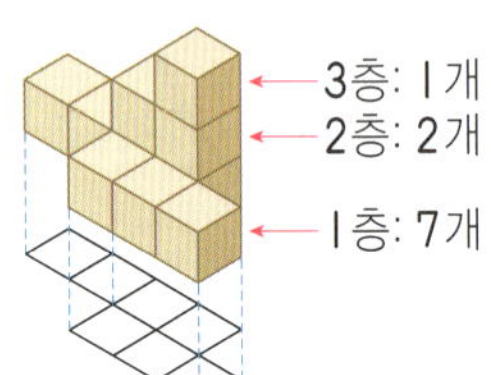

➡ 1+2+7=10(개)

3 나, 가, 다

풀이 가   나

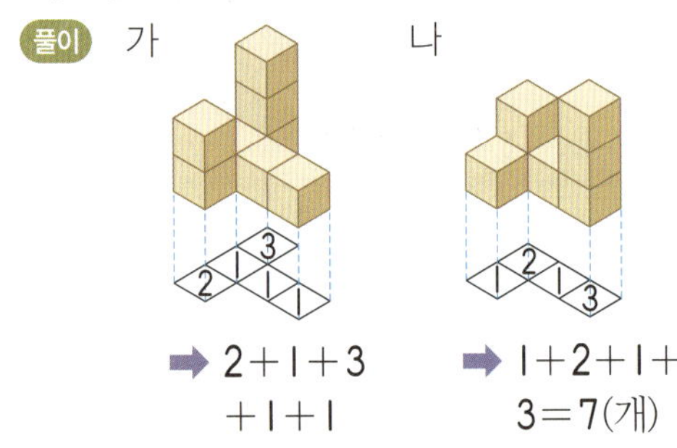

➡ 2+1+3
+1+1
=8(개)

➡ 1+2+1+
3=7(개)

다

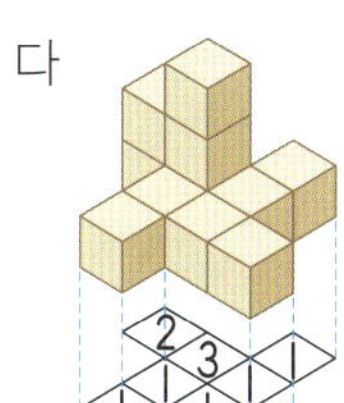

➡ $2+1+1+3+1+1+1+1=11$(개)

4 4개

풀이 오른쪽과 같은 모양을 만들려면 쌓기나무는 $1+1+1+2+1+2+1$ $=9$(개) 필요합니다. 따라서 쌓기나무는 $9-5=4$(개) 더 필요합니다.

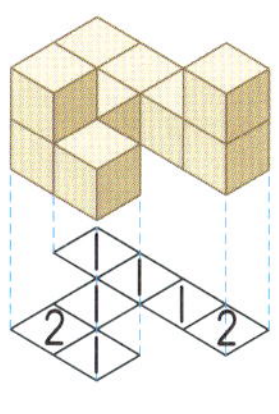

5 3개

풀이 우진이와 주리가 쌓은 쌓기나무의 수는 다음과 같습니다.

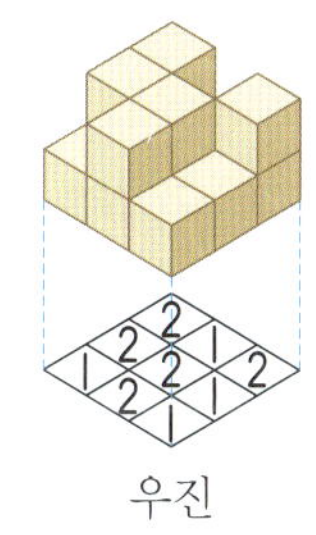

우진

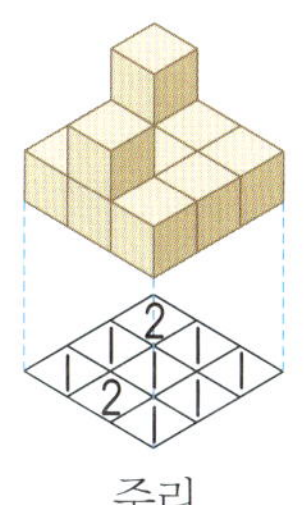

주리

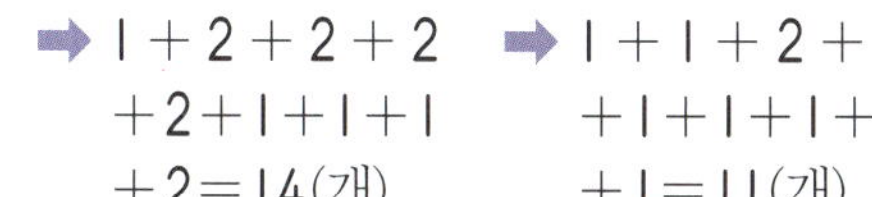

➡ $1+2+2+2$ $+2+1+1+1$ $+2=14$(개)

➡ $1+1+2+2$ $+1+1+1+1$ $+1=11$(개)

따라서 우진이가 쌓았던 쌓기나무들로 다시 주리가 쌓은 모양과 똑같이 쌓으면 쌓기나무는 $14-11=3$(개) 남습니다.

6 다

풀이 가

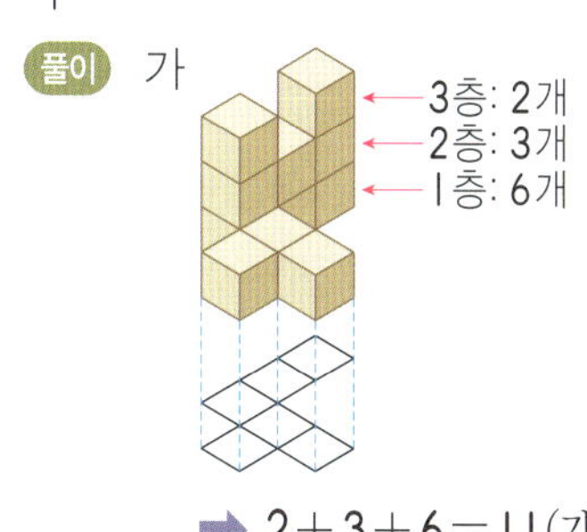

➡ $2+3+6=11$(개)

나

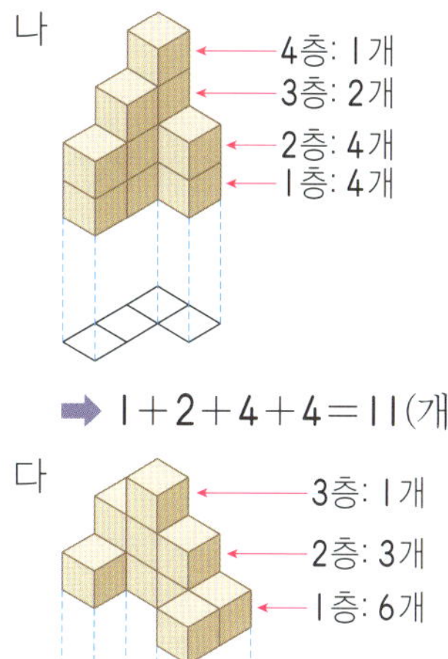

➡ $1+2+4+4=11$(개)

다

➡ $1+3+6=10$(개)

65a~65b

1 5개, 3개, 1개

2 ㉙ 2개씩 줄어들고 있습니다.

3 ㉙ 양쪽에서 한 개씩 줄어들고 있습니다.

4 ㉙ 위로 올라갈수록 쌓기나무의 개수가 2개씩 줄어드는 규칙으로 쌓았습니다.

5 (1) ㉙ 한 방향으로 쌓기나무가 1개씩 늘어나는 규칙입니다.

(2) 5개

풀이 (2) 쌓기나무로 만든 모양들은 한 방향으로 개수가 1개씩 늘어나는 규칙이므로 네 번째에 올 모양은 오른쪽 그림과 같습니다. 따라서 쌓기나무가 $4+1=5$(개) 필요합니다.

6 (1) ㉙ 한 줄에 2개씩 늘어나고, 위로도 한 줄씩 늘어나는 규칙입니다.

(2) 36개

풀이 (2) 쌓기나무로 만든 모양들의 개수가 한 줄에 2개씩, 위로 한 줄씩 늘어나는 규칙이므로 네 번째에 올 모양은 오른쪽 그림과 같습니다. 따라서 쌓기나무가 $9\times4=36$(개) 필요합니다.

66a~66b

1 예 위로 올라갈수록 네 모서리 방향에서 한 줄씩 줄어드는 규칙으로 쌓았습니다.

2 2개

풀이 위로 올라갈수록 2개씩 줄어드는 규칙이므로 쌓기나무를 위로 한 층 더 쌓으려면 $4-2=2$(개) 더 필요합니다.

3 13개

풀이 쌓기나무로 만든 모양들의 개수가 4개씩 늘어나는 규칙이므로 네 번째 올 모양은 쌓기나무가 $9+4=13$(개) 필요합니다.

4 7개

풀이 쌓기나무로 만든 모양들의 개수가 3개씩 늘어나는 규칙이므로 세 번째 올 모양은 쌓기나무가 $4+3=7$(개) 필요합니다.

5 ㄹ

67a~67b

1 다

풀이 위에서 본 모양은 쌓기나무 아래에 있는 그림과 같으므로 다입니다.

2 나

풀이 앞에서 본 모양의 가장 높은 층은 왼쪽 줄이 3층, 오른쪽 줄이 1층이므로 나입니다.

3 가

풀이 옆에서 본 모양의 가장 높은 층은 왼쪽 줄이 1층, 가운데 줄이 3층, 오른쪽 줄이 1층이므로 가입니다.

4 앞에 ○표, 옆에 ○표

풀이 앞에서 본 모양의 가장 높은 층은 왼쪽 줄이 1층, 오른쪽 줄이 2층이고, 옆에서 본 모양의 가장 높은 층은 왼쪽 줄과 가운데 줄이 각각 1층, 오른쪽 줄이 2층입니다.

5 옆에 ○표, 앞에 ○표

68a~68b

1 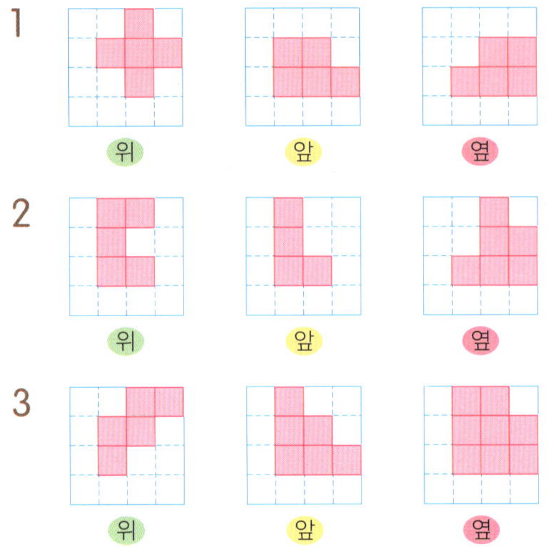

2

3 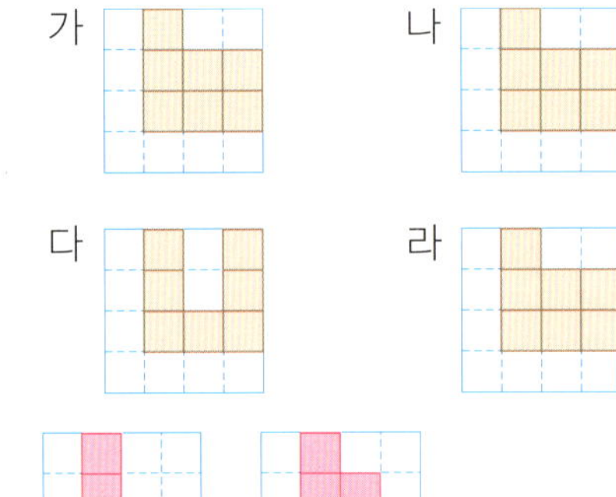

4 다

풀이 각 쌓기나무별로 앞에서 본 모양은 다음과 같습니다.

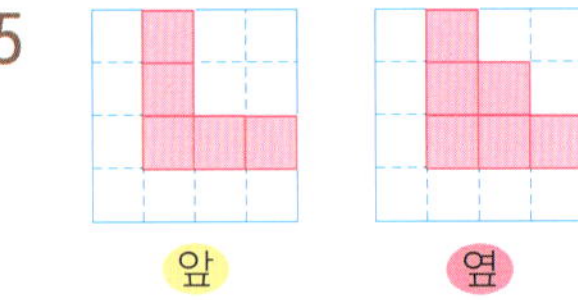

5

풀이 앞, 옆에서 본 모양은 쌓기나무 각 줄의 가장 높은 층수만큼 그리면 됩니다.

69a~69b

1 준영

풀이 옆에서 보았을 때 각 줄의 가장 높은 층을 보고 그린 모양은 오른쪽 그림과 같습니다. 윤주, 준영, 형욱이가 쌓은 쌓기나무 모양을 옆에서 본 모양은 다음과 같습니다. 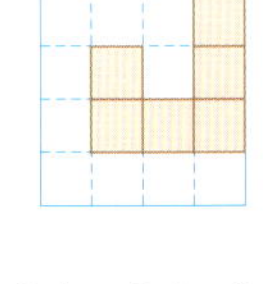

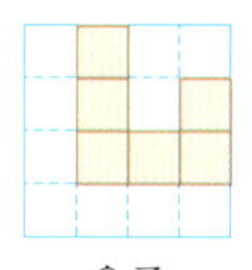 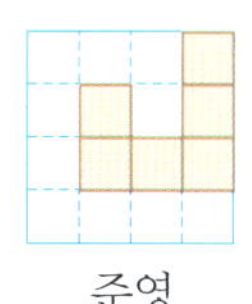 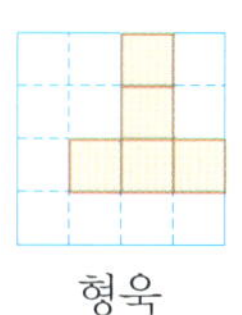

윤주　　　　　준영　　　　　형욱

따라서 옆에서 본 모양이 같게 쌓은 사람은 준영입니다.

2 7개

풀이 위에서 본 모양이 1층에 쌓인 모양과 같으므로 각 자리별로 쌓여 있는 쌓기나무의 개수를 알아봅니다.
①번: 앞에서 본 모양이 3층이므로 3개
③번: 앞에서 본 모양이 1층이므로 1개
④번: 옆에서 본 모양이 1층이므로 1개
②번: 앞에서 본 모양에서 가운데 줄이 2층이고 ④번 위치는 1층이므로 ②번 위치의 쌓기나무는 2개입니다.
➡ (필요한 쌓기나무의 개수)
　＝3＋2＋1＋1＝7(개)

3 나

풀이 각 쌓기나무별로 위, 앞, 옆에서 본 모양은 다음과 같습니다.

가
위　　　　　앞　　　　　옆

나
위　　　　　앞　　　　　옆

다
위　　　　　앞　　　　　옆

4
위　　　　　앞　　　　　옆

풀이 파란색으로 칠한 쌓기나무 2개를 빼낸 후 쌓기나무 모양은 오른쪽 그림과 같습니다.

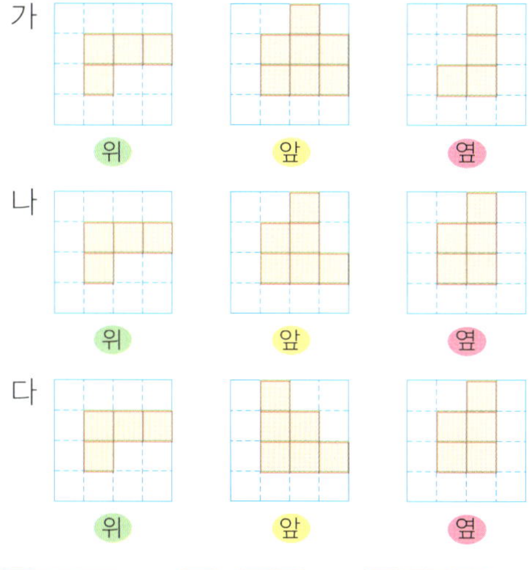

---

1 나　　　　2 가
3 다　　　　4 가
5 나　　　　6 다

1 나

풀이 앞에서 본 모양은 각각 다음과 같습니다.

가 ▭　나 ▱　다 ▭　라 ▭

2
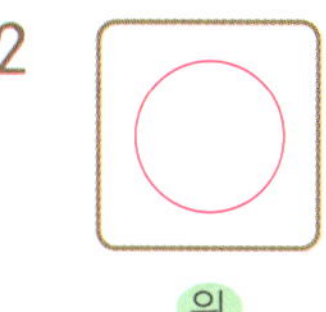  
위　　　　　앞　　　　　옆

3
 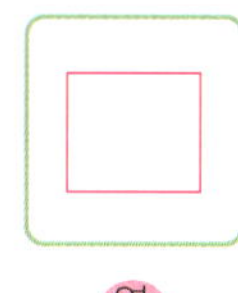
위　　　　　앞　　　　　옆

4 나

5 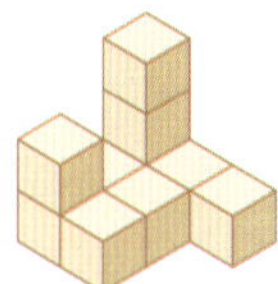　　　　6

1 가　　　　2 다
3 나　　　　4 가
5 ◯　　　　6 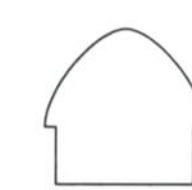

7

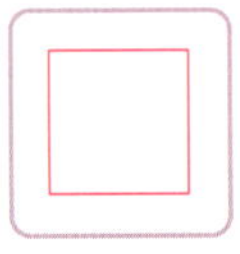
위

앞

옆

73a~73b 창의력 학습

a

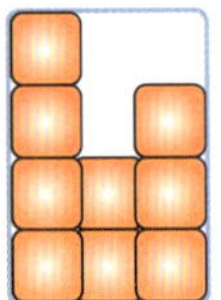

b 16개

풀이 위에서 본 모양에 정육면체 모양의 돌의 개수를 나타내면 오른쪽과 같습니다. 따라서 돌을 최대한 사용하여 집을 지으려면 돌은 $2+1+2+3+1+2+2+1+2=16$(개) 필요합니다.

2	1	2
3	1	2
2	1	2

74a~75b 경시대회 예상문제

1 32개

2 27개

풀이 원래의 정육면체 모양에서 쌓기나무의 개수는 $4\times4\times4=64$(개)입니다. 쌓기나무를 빼낸 후의 쌓기나무의 개수는 37개입니다. 따라서 빼낸 쌓기나무의 개수는 $64-37=27$(개)입니다.

3 아래로 갈수록 쌓기나무의 개수가 2개, 3개, …… 늘어나는 규칙이므로 7층까지 쌓을 때 각 층별 쌓기나무의 개수는 다음과 같습니다.
7층: 1개
6층: $1+2=3$(개)
5층: $1+2+3=6$(개)
4층: $1+2+3+4=10$(개)
3층: $1+2+3+4+5=15$(개)
2층: $1+2+3+4+5+6=21$(개)
1층: $1+2+3+4+5+6+7=28$(개)

➡ $1+3+6+10+15+21+28=84$(개)
[답] 84개

평가 기준	
상	쌓기나무의 규칙을 찾고 사용된 쌓기나무의 개수를 바르게 구한 경우
중	쌓기나무의 규칙을 찾았으나 사용된 쌓기나무의 개수를 구하지 못한 경우
하	풀이 과정과 답을 구하지 못한 경우

4 5층

풀이 아래로 갈수록 세 방향의 쌓기나무가 1개씩 늘어나는 규칙이므로 가장 윗층부터 각 층별 쌓기나무의 개수는 다음과 같습니다.
4개
$4+3=7$(개)
$7+3=10$(개)
$10+3=13$(개)
$13+3=16$(개)
따라서 $4+7+10+13+16=50$(개)이므로 쌓기나무는 5층까지 쌓은 것입니다.

5 $144cm^2$

풀이 쌓기나무를 앞에서 본 모양은 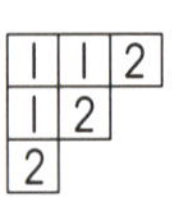 입니다. 쌓기나무의 한 면의 넓이는 $16cm^2$이므로 쌓기나무를 앞에서 본 모양의 넓이는 $16\times9=144(cm^2)$ 입니다.

6 ㉢

풀이 ㉠이나 ㉢을 빼내면 앞에서 본 모양이 변합니다. ㉣을 빼내면 위에서 본 모양이 변합니다. ㉤을 빼내면 위와 옆에서 본 모양이 변합니다.

7 3개

풀이 쌓기나무를 가장 많이 사용할 때와 가장 적게 사용할 때는 다음과 같습니다.

2	2	2
2	2	
2		

가장 많을 때

1	1	2
1	2	
2		

가장 적을 때

따라서 쌓기나무를 가장 많이 사용할 때의 개수와 가장 적게 사용할 때의 개수의 차는 $12-9=3$(개)입니다.

8 5개

풀이 쌓기나무를 가장 많이 사용할 때는 오른쪽과 같으므로 쌓기나무 모양 한 개를 만드는 데 $2+1+3+2+3+1+2=14$(개) 필요합니다. 따라서 $70÷14=5$이므로 쌓기나무 70개로 쌓기나무 모양 5개를 만들 수 있습니다.

9 유준이가 쌓기나무를 가장 많이 사용할 때와 가장 적게 사용할 때는 다음과 같습니다.

가장 많을 때   가장 적을 때

따라서 쌓기나무를 가장 많이 사용할 때는 9개, 가장 적게 사용할 때는 8개입니다.
원희가 사용한 쌓기나무는 오른쪽과 같이 11개입니다.
따라서 쌓기나무를 더 많이 사용한 사람은 원희입니다.
[답] 원희

평가 기준	
상	유준이와 원희가 사용한 쌓기나무의 개수와 쌓기나무를 더 많이 사용한 사람을 바르게 구한 경우
중	유준이와 원희가 쌓은 쌓기나무의 개수 중 한 개가 틀려서 쌓기나무를 더 많이 사용한 사람을 구하지 못한 경우
하	풀이 과정과 답을 구하지 못한 경우

10

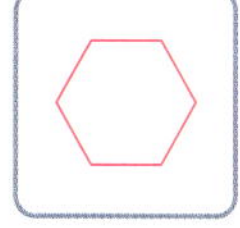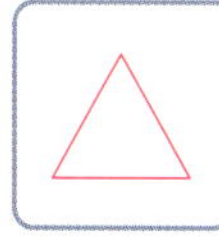

풀이 전개도를 접으면 정육각뿔이 됩니다.

76a~76b

1 3.14, 3.14
2 ㉣
3 지름, 반지름
4 4, 12.56
5 3.14, 18.84
6 1.5, 9.42
7 2.5, 15.7

77a~77b

1 25.12cm
2 28.26cm
3 34.54cm
4 31.4cm
5 37.68cm
6 43.96cm
7 21.98cm
8 50.24cm
9 18cm

풀이 (지름)＝(원주)÷3.14
$=56.52÷3.14=18$(cm)

10 15cm

풀이 (반지름)＝(원주)÷3.14÷2
$=94.2÷3.14÷2$
$=15$(cm)

78a~78b

1 9.42cm

풀이 (지름이 10cm인 원의 원주)
$=10×3.14=31.4$(cm)
(반지름이 6.5cm인 원의 원주)
$=6.5×2×3.14=40.82$(cm)
➡ $40.82-31.4=9.42$(cm)

2 69.08cm

풀이 작은 원의 반지름은 4cm이고 큰 원의 반지름은 $4+3=7$(cm)입니다.
(작은 원의 원주)＝$4×2×3.14$
$=25.12$(cm)
(큰 원의 원주)＝$7×2×3.14$
$=43.96$(cm)
➡ $25.12+43.96=69.08$(cm)

3 27cm

풀이 ㉠ (지름)＝(원주)÷3.14
$=43.96÷3.14=14$(cm)
㉡ (지름)＝(원주)÷3.14
$=40.82÷3.14=13$(cm)
➡ $14+13=27$(cm)

4 ㉠, ㉡, ㉢

풀이 ㉠ (원주)＝$11×2×3.14$
$=69.08$(cm)
㉡ (원주)＝62.8cm
㉢ (원주)＝28.26cm

따라서 원주가 클수록 원의 크기가 큰 것이므로 $69.08 > 62.8 > 28.26$입니다.

5 32.13cm

풀이 (색칠한 부분의 둘레)

$=$(반지름이 9cm인 원의 원주의 $\frac{1}{4}$)

　$+$(정사각형의 두 변)

$=9 \times 2 \times 3.14 \times \frac{1}{4} + 9 + 9 = 32.13$(cm)

6 30.84cm

풀이 (색칠한 부분의 둘레)

$=$(지름이 6cm인 원의 원주)$+12$

$=6 \times 3.14 + 12 = 30.84$(cm)

79a~79b

1 34.54cm

풀이 (호떡의 원주)$=11 \times 3.14$

$=34.54$(cm)

2 81.64cm

풀이 (접시의 원주)$=13 \times 2 \times 3.14$

$=81.64$(cm)

3 785cm

풀이 (움직인 거리)$=50 \times 3.14 \times 5$

$=785$(cm)

4 84.78cm

풀이 (유민이가 만든 원의 원주)

$=15 \times 3.14 = 47.1$(cm)

(철웅이가 만든 원의 원주)

$=6 \times 2 \times 3.14 = 37.68$(cm)

➡ (사용한 철사의 길이)$=47.1 + 37.68$

$=84.78$(cm)

5 15바퀴

풀이 동전이 한 바퀴 굴러갔을 때 굴러간 거리는 $2.5 \times 3.14 = 7.85$(cm)입니다. 따라서 동전은 $117.75 \div 7.85 = 15$(바퀴) 굴러갔습니다.

6 7cm

풀이 끈으로 만들 수 있는 가장 큰 원의 원주는 43.96cm입니다.

(반지름)$=$(원주)$\div 3.14 \div 2$

$=43.96 \div 3.14 \div 2 = 7$(cm)

80a~80b

1 50cm^2　　　　**2** 100cm^2

3 50, 100

4 88cm^2

풀이 원 안의 색칠된 정사각형의 개수가 88개이므로 원 안의 색칠된 부분의 넓이는 88cm^{2}입니다.

5 132cm^2

풀이 원 밖의 녹색 선으로 둘러싸인 정사각형의 개수가 132개이므로 원 밖의 녹색 선으로 둘러싸인 부분의 넓이는 132cm^{2}입니다.

6 88, 132

81a~81b

1 32, 64, 예 48

풀이 (원 안의 마름모의 넓이)

$=8 \times 8 \div 2 = 32$(cm^2)

(원 밖의 정사각형의 넓이)$=8 \times 8$

$=64$(cm^2)

➡ 32cm$^2 <$(원의 넓이)< 64cm^2

2 162, 324, 예 243

풀이 (원 안의 정사각형의 넓이)

$=18 \times 18 \div 2 = 162$(cm^2)

(원 밖의 정사각형의 넓이)$=18 \times 18$

$=324$(cm^2)

➡ 162cm$^2 <$(원의 넓이)< 324cm^2

3 ㄹ

풀이 (원 안의 정사각형의 넓이)

$=10 \times 10 \div 2 = 50$(cm^2)

(원 밖의 마름모의 넓이)$=10 \times 10$

$=100$(cm^2)

➡ 50cm$^2 <$(원의 넓이)< 100cm^2

4 95, 121

풀이 (원 안의 정오각형의 넓이)
$=19\times5=95(\text{cm}^2)$
(원 밖의 정사각형의 넓이)$=11\times11$
$=121(\text{cm}^2)$
➡ $95\text{cm}^2<($원의 넓이$)<121\text{cm}^2$

5 252, 354

풀이 (원 안의 정육각형의 넓이)
$=42\times6=252(\text{cm}^2)$
(원 밖의 정육각형의 넓이)$=59\times6$
$=354(\text{cm}^2)$
➡ $252\text{cm}^2<($원의 넓이$)<354\text{cm}^2$

82a~82b

1 원주의 $\dfrac{1}{2}$ **2** 반지름

3 지름, 반지름, 반지름

4 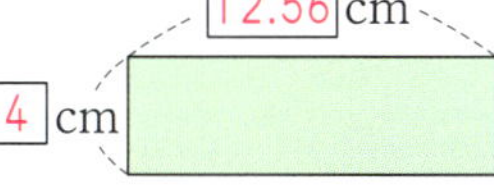

, 50.24cm^2

풀이 (직사각형의 가로)
$=($원주의 $\dfrac{1}{2})$
$=4\times2\times3.14\times\dfrac{1}{2}=12.56(\text{cm})$
(직사각형의 세로)$=($반지름$)=4\text{cm}$
➡ (원의 넓이)$=($직사각형의 넓이$)$
$=12.56\times4=50.24(\text{cm}^2)$

5

113.04cm^2

풀이 (직사각형의 가로)
$=($원주의 $\dfrac{1}{2})$
$=6\times2\times3.14\times\dfrac{1}{2}=18.84(\text{cm})$
(직사각형의 세로)$=($반지름$)=6\text{cm}$
➡ (원의 넓이)$=($직사각형의 넓이$)$
$=18.84\times6=113.04(\text{cm}^2)$

6

153.86cm^2

풀이 (직사각형의 가로)
$=($원주의 $\dfrac{1}{2})$
$=7\times2\times3.14\times\dfrac{1}{2}=21.98(\text{cm})$
(직사각형의 세로)$=($반지름$)=7\text{cm}$
➡ (원의 넓이)$=($직사각형의 넓이$)$
$=21.98\times7$
$=153.86(\text{cm}^2)$

83a~83b

1 (위에서 부터) 5cm / 16cm, $8\times8\times3.14$,
200.96cm^2 / 9cm, $9\times9\times3.14$,
254.34cm^2

2 3.5, 3.5, 38.465

3 4.5, 4.5, 3.14, 63.585

4 12.56cm^2

풀이 (원의 넓이)$=2\times2\times3.14$
$=12.56(\text{cm}^2)$

5 28.26cm^2

풀이 (원의 넓이)$=3\times3\times3.14$
$=28.26(\text{cm}^2)$

6 78.5cm^2

풀이 (원의 넓이)$=5\times5\times3.14$
$=78.5(\text{cm}^2)$

7 50.24cm^2

풀이 (원의 넓이)$=4\times4\times3.14$
$=50.24(\text{cm}^2)$

8 94.985cm^2

풀이 (원의 넓이)$=5.5\times5.5\times3.14$
$=94.985(\text{cm}^2)$

9 113.04cm^2

풀이 (원의 넓이)$=6\times6\times3.14$
$=113.04(\text{cm}^2)$

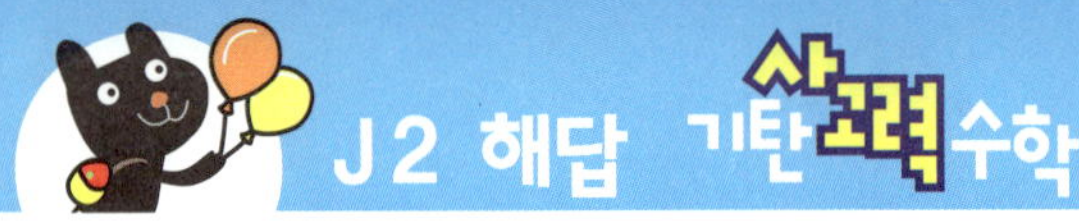

84a~84b

1 (1) 20cm (2) 10cm (3) 314cm^2

2 $8 \times 8 \times 3.14 = 200.96$, 200.96cm^2

3 $11 \times 11 \times 3.14 = 379.94$, 379.94cm^2

4 63.585cm^2 5 254.34cm^2

6 706.5cm^2 7 1256cm^2

8 38.465cm^2 9 50.24cm^2

10 153.86cm^2 11 452.16cm^2

85a~85b

1 307.72cm^2

풀이 (반원의 넓이)$= 14 \times 14 \times 3.14 \div 2$
$\qquad\qquad = 307.72(cm^2)$

2 122.46cm^2

풀이 (반지름이 5cm인 원의 넓이)
$= 5 \times 5 \times 3.14 = 78.5(cm^2)$
(반지름이 8cm인 원의 넓이)
$= 8 \times 8 \times 3.14 = 200.96(cm^2)$
➡ $200.96 - 78.5 = 122.46(cm^2)$

3 ㉠

풀이 ㉠ (원의 넓이)$= 6 \times 6 \times 3.14$
$\qquad\qquad = 113.04(cm^2)$
㉡ (원의 넓이)$= 94.985cm^2$
따라서 넓이가 더 넓은 것은 ㉠입니다.

4 13cm

풀이 (원의 넓이)$=$ (반지름) $\times$ (반지름)
$\times 3.14$이므로 (반지름) $\times$ (반지름) $=$ (원의
넓이) $\div 3.14$입니다.
(반지름) $\times$ (반지름) $= 530.66 \div 3.14 = 169$
$169 = 13 \times 13$이므로 원의 반지름은
13cm입니다.

5 63.585cm^2

풀이 한 변이 9cm인 정사각형 안에 들어
갈 수 있는 가장 큰 원은 지름이 9cm인 원
입니다.
(반지름)$= 9 \div 2 = 4.5(cm)$
(원의 넓이)$= 4.5 \times 4.5 \times 3.14$
$\qquad\qquad = 63.585(cm^2)$

6 379.94cm^2

풀이 (정사각형의 한 변의 길이)
$= 88 \div 4 = 22(cm)$
한 변이 22cm인 정사각형 안에 들어갈 수
있는 가장 큰 원은 지름이 22cm인 원입니
다.
(반지름)$= 22 \div 2 = 11(cm)$
(원의 넓이)$= 11 \times 11 \times 3.14$
$\qquad\qquad = 379.94(cm^2)$

86a~86b

1 1158.66cm^2

풀이 (작은 원의 넓이)$= 12 \times 12 \times 3.14$
$\qquad\qquad = 452.16(cm^2)$
(큰 원의 반지름)$= 27 - 12 = 15(cm)$
(큰 원의 넓이)$= 15 \times 15 \times 3.14$
$\qquad\qquad = 706.5(cm^2)$
➡ $452.16 + 706.5 = 1158.66(cm^2)$

2 314cm^2

풀이 (반지름)$= 62.8 \div 3.14 \div 2 = 10(cm)$
(원의 넓이)$= 10 \times 10 \times 3.14 = 314(cm^2)$

3 87.92cm^2

풀이 ㉠ (원의 넓이)$= 153.86cm^2$
㉡ (원의 넓이)$= 6 \times 6 \times 3.14$
$\qquad\qquad = 113.04(cm^2)$
㉢ (원의 넓이)$= 8 \times 8 \times 3.14$
$\qquad\qquad = 200.96(cm^2)$
따라서 $200.96 > 153.86 > 113.04$이므로
가장 넓은 원과 가장 좁은 원의 넓이의 차는
$200.96 - 113.04 = 87.92(cm^2)$입니다.

4 7.74cm^2

풀이 (색칠한 부분의 넓이)
$=$ (정사각형의 넓이) $-$ (원의 넓이)
$= 6 \times 6 - 3 \times 3 \times 3.14$
$= 36 - 28.26 = 7.74(cm^2)$

5 339.12cm^2

풀이 (색칠한 부분의 넓이)
$=$ (큰 원의 넓이) $-$ (작은 원의 넓이)
$= 12 \times 12 \times 3.14 - 6 \times 6 \times 3.14$
$= 452.16 - 113.04 = 339.12(cm^2)$

6 92.34cm^2

풀이 (색칠한 부분의 넓이)
=(원의 넓이)−(마름모의 넓이)
$=9\times9\times3.14-18\times18\div2$
$=254.34-162=92.34(cm^2)$

87a~87b

1 530.66cm^2

풀이 (접시의 넓이)$=13\times13\times3.14$
$\qquad=530.66(cm^2)$

2 12.56cm^2

풀이 (딱지의 반지름)$=4\div2=2(cm)$
(딱지의 넓이)$=2\times2\times3.14=12.56(cm^2)$

3 615.44cm^2

풀이 (만든 원의 반지름)
$=87.92\div3.14\div2=14(cm)$
(만든 원의 넓이)$=14\times14\times3.14$
$\qquad=615.44(cm^2)$

4 10cm

풀이 (원의 넓이)=(반지름)×(반지름)
×3.14이므로 (반지름)×(반지름)=(원의
넓이)÷3.14입니다.
(색종이의 반지름)×(색종이의 반지름)
$=314\div3.14=100$
$100=10\times10$이므로 원 모양의 색종이의
반지름은 10cm입니다.

5 628cm^2

풀이 (꽃밭의 전체 넓이)
$=40\times40\times3.14=5024(cm^2)$
(장미를 심으려는 부분의 넓이)
$=5024\div8=628(cm^2)$

6 동훈, 53.38cm^2

풀이 (지선이가 그린 원의 반지름)
$=50.24\div3.14\div2=8(cm)$
(지선이가 그린 원의 넓이)$=8\times8\times3.14$
$\qquad=200.96(cm^2)$
(동훈이가 그린 원의 넓이)$=9\times9\times3.14$
$\qquad=254.34(cm^2)$
따라서 동훈이가 그린 원의 넓이가
$254.34-200.96=53.38(cm^2)$ 더 넓습
니다.

88a~88b 창의력 학습

a 147cm

풀이 (문의 반지름)$=923.16\div3.14\div2$
$\qquad=147(cm)$

b 은찬

풀이 (다은이가 먹은 과자의 넓이)
$=1.5\times1.5\times3.14=7.065(cm^2)$
(은찬이가 먹은 과자의 넓이)
$=2.5\times2.5\times3.14-1.5\times1.5\times3.14$
$=19.625-7.065=12.56(cm^2)$
(진욱이가 먹은 과자의 넓이)
$=4\times3-1\times1\times3.14=12-3.14$
$\qquad=8.86(cm^2)$
따라서 $12.56>8.86>7.065$이므로 은찬
이가 먹은 과자의 넓이가 가장 넓습니다.

89a~90b 경시대회 예상문제

1 491.2cm

풀이 곡선으로 묶은 부분의 끈의 길이의
합은 지름이 80cm인 원의 원주와 같습니
다.

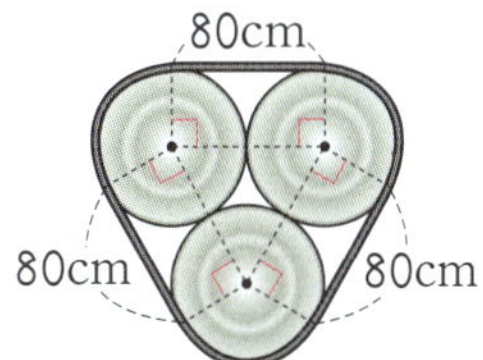

➡ (끈의 길이)$=80\times3.14+80\times3$
$\qquad=251.2+240$
$\qquad=491.2(cm)$

2 (트랙 안쪽의 둘레)$=30\times3.14+50\times2$
$\qquad=94.2+100$
$\qquad=194.2(m)$
(트랙 바깥쪽의 둘레)
$=44\times3.14+50\times2$
$=138.16+100=238.16(m)$
➡ (트랙의 둘레의 합)$=194.2+238.16$
$\qquad=432.36(m)$

[답] 432.36m

평가 기준	
상	트랙 안쪽의 둘레와 바깥쪽의 둘레, 트랙 둘레의 합을 바르게 구한 경우
중	트랙 안쪽의 둘레와 바깥쪽의 둘레를 구했으나 트랙 둘레의 합을 구하지 못한 경우
하	풀이 과정과 답을 구하지 못한 경우

3 7바퀴

풀이 (반지름이 63cm인 원의 원주)
$= 63 \times 2 \times 3.14$
$= 395.64$(cm)
(지름이 18cm인 굴렁쇠의 원주)
$= 18 \times 3.14$
$= 56.52$(cm)
➡ $395.64 \div 56.52 = 7$(바퀴)

4 9배

풀이 (컵받침의 넓이)$= 3 \times 3 \times 3.14$
$= 28.26$(cm^2)
(접시의 넓이)$= 9 \times 9 \times 3.14$
$= 254.34$(cm^2)
따라서 접시의 넓이는 컵받침의 넓이의
$254.34 \div 28.26 = 9$(배)입니다.

5 153.86cm^2

풀이 사다리꼴의 높이를 $\square$cm라고 하면
$(10+22) \times \square \div 2 = 224$,
$32 \times \square \div 2 = 224$, $32 \times \square = 448$,
$\square = 448 \div 32 = 14$
원의 지름은 사다리꼴의 높이와 같은
14cm이므로 원의 반지름은 7cm입니다.
➡ (원의 넓이)$= 7 \times 7 \times 3.14$
$= 153.86$(cm^2)

6 23.03cm^2

풀이 (중간 원의 지름)$= 8 \div 2 = 4$(cm)
(가장 작은 원의 지름)$= 4 \div 2 = 2$(cm)
직사각형의 가로는 $8+4+2 = 14$(cm)이
고 세로는 가장 큰 원의 반지름과 같으므
로 4cm입니다.
➡ (색칠한 부분의 넓이)
$=$ (직사각형의 넓이)$-$ (반원 3개의 넓이)
$= 14 \times 4 - 4 \times 4 \times 3.14 \div 2$
$\quad - 2 \times 2 \times 3.14 \div 2 - 1 \times 1 \times 3.14 \div 2$
$= 56 - 25.12 - 6.28 - 1.57$
$= 23.03$(cm^2)

7 (가의 넓이)$= 6 \times 6 \times 3.14 \div 2$
$= 56.52$(cm^2)
(다의 넓이)$= 10 \times 10 \times 3.14 \div 2$
$= 157$(cm^2)
(나의 넓이)$= 157 - 56.52$
$= 100.48$(cm^2)
(반원 나의 반지름)$\times$(반원 나의 반지름)
$= 100.48 \times 2 \div 3.14 = 64$
$64 = 8 \times 8$이므로 반원 나의 반지름은
8cm입니다.
[답] 8cm

평가 기준	
상	나의 넓이와 반지름을 바르게 구한 경우
중	나의 넓이를 구했으나 나의 반지름을 구하지 못한 경우
하	풀이 과정과 답을 구하지 못한 경우

8 50cm

풀이 (반지름)$\times$(반지름)$= 78.5 \div 3.14$
$= 25$
$25 = 5 \times 5$이므로 원의 반지름은 5cm입니다.
(색칠한 부분의 둘레)$=$ (원의 반지름)$\times 10$
$= 5 \times 10$
$= 50$(cm)

9 172cm^2

풀이 (색칠한 부분의 넓이)
$= \{$(정사각형의 넓이)$-$ (원의 $\frac{1}{4}$)$\} \times 2$
$= (20 \times 20 - 20 \times 20 \times 3.14 \times \frac{1}{4}) \times 2$
$= (400 - 314) \times 2$
$= 172$(cm^2)

10 18cm, 19cm

풀이 (원주가 106.76cm인 원의 반지름)
$= 106.76 \div 3.14 \div 2 = 17$(cm)
(넓이가 1256cm^{2}인 원의 반지름)
$\times$(넓이가 1256cm^{2}인 원의 반지름)
$= 1256 \div 3.14 = 400$
$400 = 20 \times 20$이므로 넓이가 1256cm^{2}인
원의 반지름은 20cm입니다.
따라서 정은이가 그리려고 하는 원의 반지
름은 17cm보다 크고 20cm보다 작으므
로 반지름은 18cm, 19cm로 해야 합니다.

91a~91b

1 25, 20, 90, 30, 75, 25

2 20, 30, 25

3 16, 40, 10, 25, 10, 25, 4, 10

4 40, 25, 10

5 띠그래프

92a~92b

1 40, 20, 10, 20, 10, 100

풀이 축구: $\dfrac{12}{30} \times 100 = 40(\%)$

농구: $\dfrac{6}{30} \times 100 = 20(\%)$

수영: $\dfrac{3}{30} \times 100 = 10(\%)$

야구: $\dfrac{6}{30} \times 100 = 20(\%)$

기타: $\dfrac{3}{30} \times 100 = 10(\%)$

2 40, 20, 20

3 5%

풀이 100%를 작은 눈금 20칸으로 나누었으므로 작은 눈금 한 칸은 5%입니다.

4 20, 10, 25, 30, 15, 100

풀이 국어: $\dfrac{48}{240} \times 100 = 20(\%)$

수학: $\dfrac{24}{240} \times 100 = 10(\%)$

과학: $\dfrac{60}{240} \times 100 = 25(\%)$

체육: $\dfrac{72}{240} \times 100 = 30(\%)$

기타: $\dfrac{36}{240} \times 100 = 15(\%)$

5 20, 25, 30, 15

6 체육

93a~93b

1 15, 25, 20, 30, 10, 100

풀이 독서: $\dfrac{6}{40} \times 100 = 15(\%)$

음악 감상: $\dfrac{10}{40} \times 100 = 25(\%)$

피아노 연주: $\dfrac{8}{40} \times 100 = 20(\%)$

컴퓨터 게임: $\dfrac{12}{40} \times 100 = 30(\%)$

기타: $\dfrac{4}{40} \times 100 = 10(\%)$

2 100%입니다.

3

0 10 20 30 40 50 60 70 80 90 100(%)
독서 (15%) / 음악 감상 (25%) / 피아노 연주 (20%) / 컴퓨터 게임 (30%) / 기타 (10%)

4 40, 10, 30, 20, 100

풀이 봄: $\dfrac{12}{30} \times 100 = 40(\%)$

여름: $\dfrac{3}{30} \times 100 = 10(\%)$

가을: $\dfrac{9}{30} \times 100 = 30(\%)$

겨울: $\dfrac{6}{30} \times 100 = 20(\%)$

5 100%입니다.

6

0 10 20 30 40 50 60 70 80 90 100(%)
봄 (40%) / 여름 (10%) / 가을 (30%) / 겨울 (20%)

94a~94b

1 ㄹ, ㄴ, ㄱ, ㄷ

2 (위에서부터) 20 / 25, 20, 30, 10, 15, 100

0 10 20 30 40 50 60 70 80 90 100(%)
위인전 (25%) / 소설책 (20%) / 백과사전 (30%) / 시집 (10%) / 기타 (15%)

풀이 (시집의 수)
$= 200 - (50 + 40 + 60 + 30) = 20(권)$

위인전: $\dfrac{50}{200} \times 100 = 25(\%)$

소설책: $\dfrac{40}{200} \times 100 = 20(\%)$

백과사전: $\dfrac{60}{200} \times 100 = 30(\%)$

시집: $\dfrac{20}{200} \times 100 = 10(\%)$

기타: $\dfrac{30}{200} \times 100 = 15(\%)$

3 60, 72, 24, 48, 36, 240

4 25, 30, 10, 20, 15, 100

풀이 빨간색: $\dfrac{60}{240} \times 100 = 25(\%)$

파란색: $\dfrac{72}{240} \times 100 = 30(\%)$

노란색: $\dfrac{24}{240} \times 100 = 10(\%)$

초록색: $\dfrac{48}{240} \times 100 = 20(\%)$

기타: $\dfrac{36}{240} \times 100 = 15(\%)$

5

0 10 20	30 40 50	60 70	80 90	100(%)
빨간색 (25%)	파란색 (30%)	노란색 (10%)	초록색 (20%)	기타 (15%)

95a~95b

1 해바라기 **2** 15%

3 2배 **4** 개나리, 튤립

5 문화

6 24000원

풀이 민준이의 한 달 용돈을 □원이라고 하면

$\square \times \dfrac{20}{100} = 4800,$

$\square = 4800 \div \dfrac{20}{100} = 24000(원)$

7 학용품

풀이 간식의 비율은 10%, 저금의 비율은 20%이므로 간식과 저금을 합한 비율 30%와 같은 항목은 학용품입니다.

8 35%

풀이 학용품 비용의 반은 15%이므로 저금의 비율은 20+15=35(%)가 됩니다.

96a~96b

1 20%

풀이 (지하철로 등교하는 학생의 비율) $=100-(15+10+55)=20(\%)$

2 도보, 지하철, 자전거, 버스

3 45%

4 20명

풀이 혜정이네 학교 학생 수를 □명이라고 하면

$\square \times \dfrac{15}{100} = 30,$

$\square = 30 \div \dfrac{15}{100} = 200(명)$

(버스로 등교하는 학생 수)$=200 \times \dfrac{10}{100}$
$=20(명)$

5 14세 이하

6 3.5배

풀이 $11 \div 3.1 = 3.54\cdots\cdots \to 3.5$ 따라서 2010년의 65세 이상 인구 비율은 1970년의 65세 이상 인구 비율의 약 3.5배입니다.

7 **예** 64세 이하 인구는 감소하고 65세 이상 인구는 증가할 것입니다.

97a~97b

1 12, 40, 6, 20, 9, 30, 3, 10

2

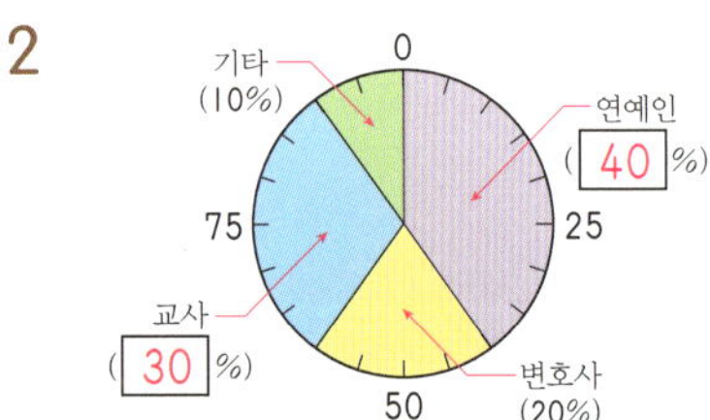

3 30, 25, 12, 10, 42, 35, 36, 30

4

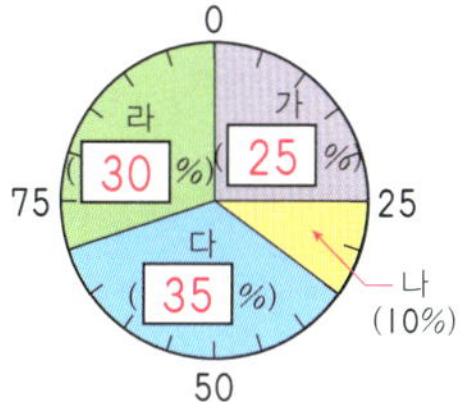

5 원그래프

5

6 피아노

98a~98b

1 25, 25, 15, 20, 15, 100

풀이 소: $\dfrac{15}{60} \times 100 = 25(\%)$

돼지: $\dfrac{15}{60} \times 100 = 25(\%)$

염소: $\dfrac{9}{60} \times 100 = 15(\%)$

닭: $\dfrac{12}{60} \times 100 = 20(\%)$

기타: $\dfrac{9}{60} \times 100 = 15(\%)$

2

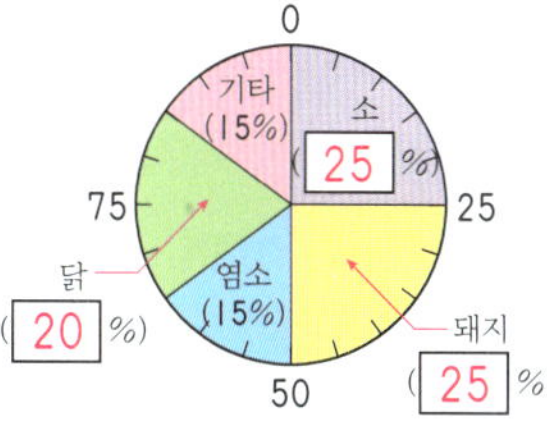

3 5%

풀이 100%를 작은 눈금 20칸으로 나누었으므로 작은 눈금 한 칸은 5%입니다.

4 35, 15, 25, 13, 12, 100

풀이 피아노: $\dfrac{70}{200} \times 100 = 35(\%)$

드럼: $\dfrac{30}{200} \times 100 = 15(\%)$

첼로: $\dfrac{50}{200} \times 100 = 25(\%)$

플루트: $\dfrac{26}{200} \times 100 = 13(\%)$

기타: $\dfrac{24}{200} \times 100 = 12(\%)$

99a~99b

1 20, 35, 10, 20, 15, 100

풀이 안중근: $\dfrac{8}{40} \times 100 = 20(\%)$

김구: $\dfrac{14}{40} \times 100 = 35(\%)$

허준: $\dfrac{4}{40} \times 100 = 10(\%)$

유관순: $\dfrac{8}{40} \times 100 = 20(\%)$

기타: $\dfrac{6}{40} \times 100 = 15(\%)$

2 100%입니다.

3

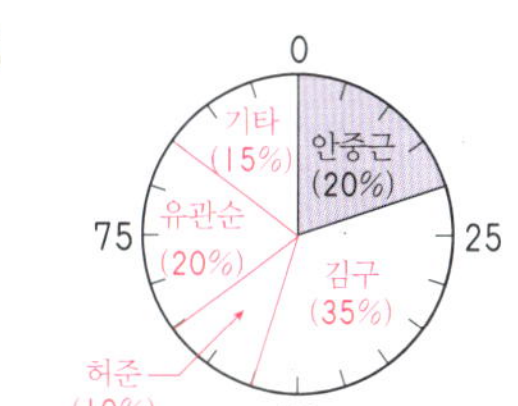

4 25, 15, 10, 30, 20, 100

풀이 포도: $\dfrac{75}{300} \times 100 = 25(\%)$

귤: $\dfrac{45}{300} \times 100 = 15(\%)$

키위: $\dfrac{30}{300} \times 100 = 10(\%)$

딸기: $\dfrac{90}{300} \times 100 = 30(\%)$

기타: $\dfrac{60}{300} \times 100 = 20(\%)$

5 100%입니다.

6

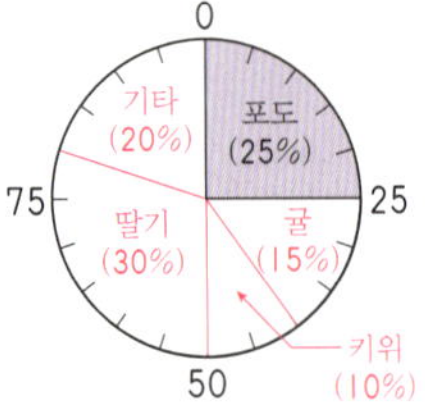

100a~100b

1 30, 30, 10, 20, 10, 100

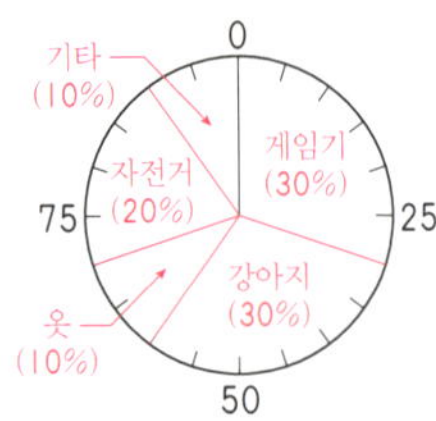

풀이 게임기: $\dfrac{9}{30} \times 100 = 30(\%)$

강아지: $\dfrac{9}{30} \times 100 = 30(\%)$

옷: $\dfrac{3}{30} \times 100 = 10(\%)$

자전거: $\dfrac{6}{30} \times 100 = 20(\%)$

기타: $\dfrac{3}{30} \times 100 = 10(\%)$

2 (왼쪽에서부터) 16, 2 / 30, 25, 100

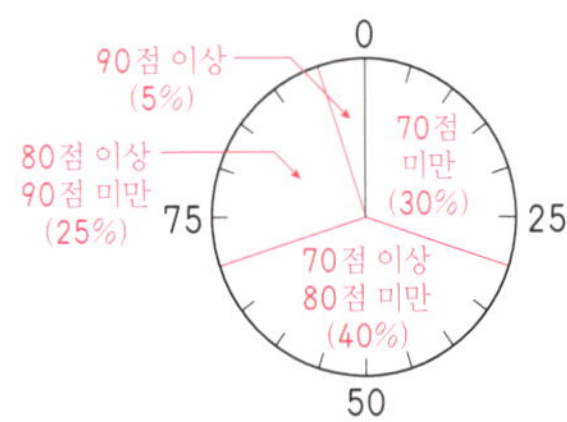

풀이 70점 이상 80점 미만:

$40 \times \dfrac{40}{100} = 16$(명)

90점 이상: $40 \times \dfrac{5}{100} = 2$(명)

70점 미만: $\dfrac{12}{40} \times 100 = 30(\%)$

80점 이상 90점 미만:

$\dfrac{10}{40} \times 100 = 25(\%)$

---

3 (위에서부터) 120, 100, 80, 125, 75, 500 / 24, 20, 16, 25, 15, 100

풀이 가 신문: $\dfrac{120}{500} \times 100 = 24(\%)$

나 신문: $\dfrac{100}{500} \times 100 = 20(\%)$

다 신문: $\dfrac{80}{500} \times 100 = 16(\%)$

라 신문: $\dfrac{125}{500} \times 100 = 25(\%)$

기타: $\dfrac{75}{500} \times 100 = 15(\%)$

4

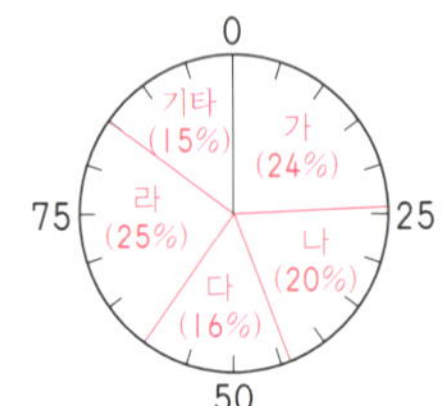

101a~101b

1 놀이 공원 **2** 20%

3 2배 **4** 김씨

5 2배

6 240명

풀이 조사한 학생 수를 □명이라고 하면

$\square \times \dfrac{25}{100} = 60,$

$\square = 60 \div \dfrac{25}{100} = 240$(명)

7 김씨

풀이 박씨의 비율은 10%, 이씨의 비율은 25%이므로 박씨와 이씨를 합한 35%와 비율이 같은 성씨는 김씨입니다.

102a~102b

1 음식물

2 20%

3 39톤

> **풀이** 쓰레기 전체 양을 □톤이라고 하면
> $$\square \times \frac{14}{100} = 21,\ \square = 21 \div \frac{14}{100} = 150(톤)$$
> 종이류: $150 \times \frac{26}{100} = 39(톤)$

4 (위에서부터) 45, 15, 21, 39, 30 / 10, 14, 26, 20, 100

> **풀이** 음식물: $150 \times \frac{30}{100} = 45(톤)$
>
> 금속류: $150 \times \frac{10}{100} = 15(톤)$
>
> 나무류: $150 \times \frac{14}{100} = 21(톤)$
>
> 종이류: $150 \times \frac{26}{100} = 39(톤)$
>
> 기타: $150 \times \frac{20}{100} = 30(톤)$

5 옥수수

6 63%

> **풀이** 가장 많이 생산된 곡물은 쌀이고 두 번째로 많이 생산된 곡물은 옥수수입니다. 따라서 가장 많이 생산된 곡물과 두 번째로 많이 생산된 곡물의 비율을 합친 것은 전체의 $38 + 25 = 63(\%)$입니다.

7 11250kg

> **풀이** 옥수수:
> $$45000 \times \frac{25}{100} = 11250(kg)$$

8 (위에서부터) 17100, 6750, 11250, 4500, 5400 / 15, 25, 10, 12, 100

> **풀이** 쌀: $45000 \times \frac{38}{100} = 17100(kg)$
>
> 조: $45000 \times \frac{15}{100} = 6750(kg)$
>
> 옥수수: $45000 \times \frac{25}{100} = 11250(kg)$
>
> 팥: $45000 \times \frac{10}{100} = 4500(kg)$
>
> 기타: $45000 \times \frac{12}{100} = 5400(kg)$

103a~103b 창의력 학습

a 219송이, 73송이, 73송이

> **풀이** 장미: $365 \times \frac{60}{100} = 219(송이)$
>
> 튤립: $365 \times \frac{20}{100} = 73(송이)$
>
> 해바라기: $365 \times \frac{20}{100} = 73(송이)$

b 12%

> **풀이** (운동이 차지하는 비율)
> $= 100 - 25 - 8 - 30 - 29 = 8(\%)$
> 식사 시간의 반은 4%이므로 식사 시간의 반을 줄여 운동을 더 하게 되면 운동의 비율은 $8 + 4 = 12(\%)$가 됩니다.

104a~105b 경시대회 예상문제

1 가

> **풀이** (가 과수원의 딸기 생산량)
> $$= 5000 \times \frac{27}{100}$$
> $$= 1350(kg)$$
> (나 과수원의 딸기 생산량) $= 4000 \times \frac{30}{100}$
> $$= 1200(kg)$$
> 따라서 $1350 > 1200$이므로 딸기 생산량이 더 많은 과수원은 가입니다.

2 나, 3cm

> **풀이** (가 과수원의 포도 생산량이 차지하는 부분)
> $$= 30 \times \frac{25}{100} = 7.5(cm)$$
> (나 과수원의 포도 생산량이 차지하는 부분)
> $$= 30 \times \frac{35}{100} = 10.5(cm)$$
> 따라서 $10.5 > 7.5$이므로 나 과수원의 포도 생산량이 차지하는 부분이
> $10.5 - 7.5 = 3(cm)$ 더 깁니다.

3 포도

풀이 (가 과수원의 사과 생산량)
$$=5000 \times \frac{28}{100}$$
$$=1400(\text{kg})$$

(나 과수원의 딸기 생산량)$=4000 \times \frac{30}{100}$
$$=1200(\text{kg})$$

(나 과수원의 배 생산량)$=4000 \times \frac{15}{100}$
$$=600(\text{kg})$$

(나 과수원의 사과 생산량)$=4000 \times \frac{20}{100}$
$$=800(\text{kg})$$

(나 과수원의 포도 생산량)$=4000 \times \frac{35}{100}$
$$=1400(\text{kg})$$

따라서 가 과수원의 사과 생산량은 나 과수원의 포도 생산량과 같습니다.

4 1600원

풀이 전체 지출액을 □원이라고 하면
$$\square \times \frac{30}{100}=2400,$$
$$\square =2400 \div \frac{30}{100}=8000(\text{원})$$

(당근의 가격)$=8000 \times \frac{25}{100}$
$$=2000(\text{원})$$

(오이의 가격)
$$=8000-2000-2400-2000$$
$$=1600(\text{원})$$

5 12%

풀이 여학생은 전체의 48%이고, 혈액형이 B형인 여학생은 이 중의 25%이므로 혈액형이 B형인 여학생은 전체 학생 수의
$$\frac{48}{100} \times \frac{25}{100} \times 100=12(\%)\text{입니다.}$$

6 144명

풀이 (여학생 수)$=750 \times \frac{48}{100}$
$$=360(\text{명})$$

(혈액형이 O형인 여학생 수)$=360 \times \frac{40}{100}$
$$=144(\text{명})$$

7 6학년 학생 중 안경을 쓰는 학생의 비율은 60%입니다.
6학년 전체 학생 수를 □명이라고 하면
$$\square \times \frac{60}{100}=108,$$
$$\square =108 \div \frac{60}{100}=180(\text{명})$$

형준이네 학교 6학년 학생의 비율은
$$100-18-15-16-16-20=15(\%)$$
입니다.
형준이네 학교 전체 학생 수를 ○명이라고 하면
$$\bigcirc \times \frac{15}{100}=180,$$
$$\bigcirc =180 \div \frac{15}{100}=1200(\text{명})$$

[답] 1200명

평가 기준	
상	6학년 전체 학생 수와 형준이네 학교 전체 학생 수를 바르게 구한 경우
중	6학년 전체 학생 수를 구하였으나 형준이네 학교 전체 학생 수를 구하지 못한 경우
하	풀이 과정과 답을 구하지 못한 경우

8

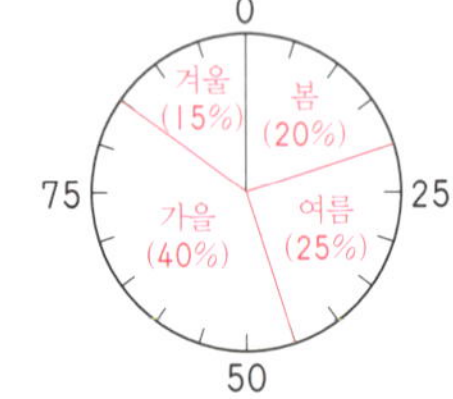

풀이 (봄)$+$(가을)$=100-25-15$
$$=60(\%)$$

봄에 태어난 학생 수의 비율을 □%라고 하면 가을에 태어난 학생 수의 비율은 (□×2)%입니다.
$$\square +\square \times 2=60, \quad \square \times 3=60,$$
$$\square =60 \div 3=20$$

따라서 봄에 태어난 학생은 20%, 가을에 태어난 학생은 $20 \times 2=40(\%)$입니다.

9 시집을 좋아하는 학생 수는 전체 학생 수의 $\frac{1}{8}$이므로 12.5%입니다.

(만화책을 좋아하는 학생 수의 비율)
$$=100-15-12.5-15-20=37.5(\%)$$

(만화책을 좋아하는 학생 수가 차지하는 부분)$=20 \times \dfrac{37.5}{100}=7.5$(cm)

[답] 7.5cm

평가 기준	
상	만화책을 좋아하는 학생의 비율과 띠그래프에서 차지하는 부분을 바르게 구한 경우
중	만화책을 좋아하는 학생의 비율을 구하였으나 띠그래프에서 차지하는 부분을 구하지 못한 경우
하	풀이 과정과 답을 구하지 못한 경우

10 144명

풀이 다 마을의 학생 수를 □명이라고 하면

$$\square \times \dfrac{35}{100}=42,$$

$$\square =42 \div \dfrac{35}{100}=120(명)$$

네 마을 전체 학생 수를 ○명이라고 하면

$$\bigcirc \times \dfrac{20}{100}=120,$$

$$\bigcirc =120 \div \dfrac{20}{100}=600(명)$$

(나 마을의 학생 수)$=600 \times \dfrac{24}{100}$
$$=144(명)$$

106a~109b

1 1, 3, 2, 2, 1, 9　　2 1, 2, 6, 9

3 10개

4 라, 다, 가, 나

풀이 가―8개, 나―7개, 다―9개, 라―10개

5 4개

6 5개

풀이 오른쪽과 같은 모양을 만들려면 쌓기나무는 $3+2+2+3=10$(개) 필요합니다.
따라서 쌓기나무는
$15-10=5$(개) 남습니다.

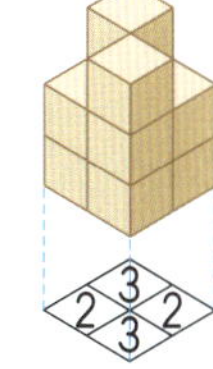

7 재은, 1개

풀이 형준이와 재은이가 쌓은 쌓기나무의 수는 다음과 같습니다.

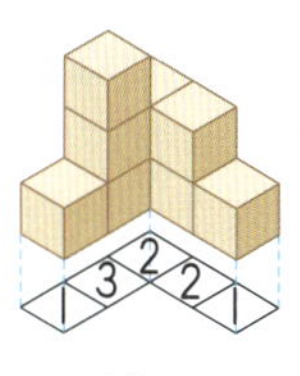
형준

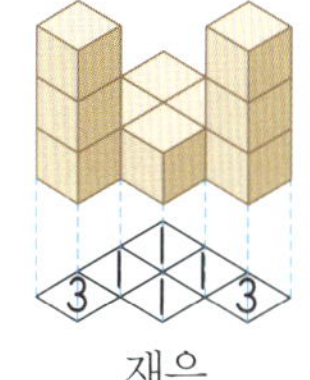
재은

➡ $2+2+1+3$ $+1=9$(개)　　➡ $1+1+3+1+1$ $+3=10$(개)

따라서 10＞9이므로 재은이가 쌓기나무를 $10-9=1$(개) 더 많이 사용하였습니다.

8 예 두 방향으로 쌓기나무가 각각 1개씩 늘어나는 규칙입니다.

9 7개

10 5개

풀이 위로 올라갈수록 2개씩 줄어드는 규칙이므로 쌓기나무를 위로 한 층 더 쌓으려면 $7-2=5$(개) 더 필요합니다.

11 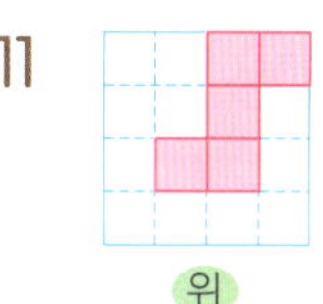 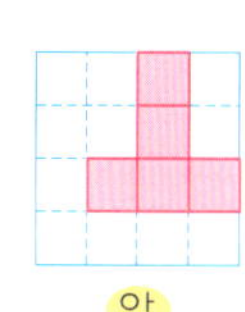 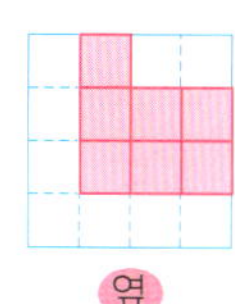
위　　　앞　　　옆

12 다

풀이 각 쌓기나무별로 옆에서 본 모양은 다음과 같습니다.

가 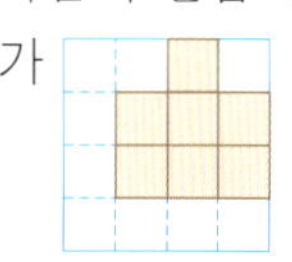　　나 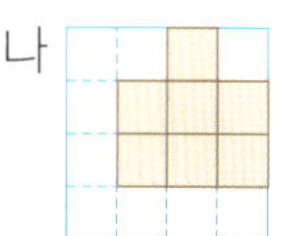

다 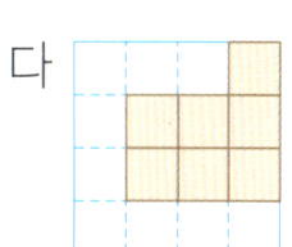　　라 

13 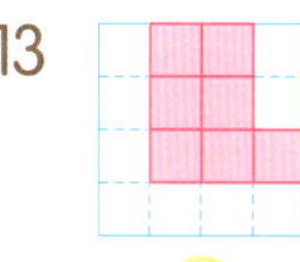 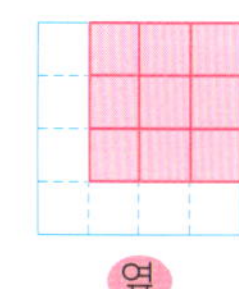
앞　　　옆

14 재준

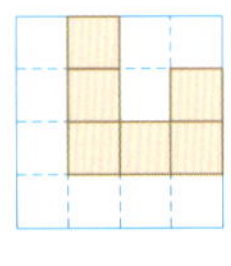

풀이 앞에서 보았을 때 각 줄의 가장 높은 층을 보고 그린 모양은 오른쪽 그림과 같습니다.

동훈, 희영, 재준이가 쌓은 쌓기나무 모양을 앞에서 본 모양은 다음과 같습니다.

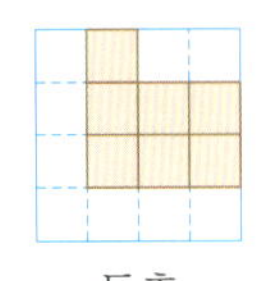 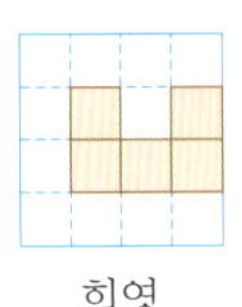 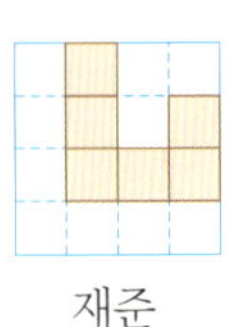

동훈　　　희영　　　재준

따라서 앞에서 본 모양이 같도록 쌓기나무를 쌓은 사람은 재준입니다.

15 8개

풀이 각 자리별로 쌓을 쌓기나무의 개수는 오른쪽과 같습니다.

➡ (필요한 쌓기나무의 개수)
　＝1＋2＋1＋1＋2＋1＝8(개)

16

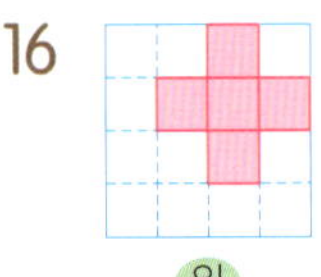 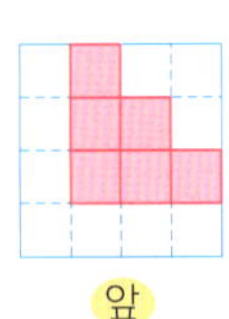 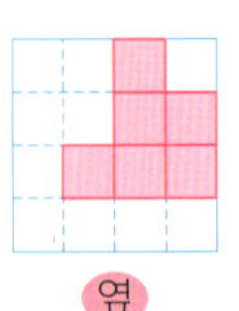

위　　　　앞　　　　옆

풀이 파란색으로 칠한 쌓기나무 2개를 빼낸 후 쌓기나무 모양은 오른쪽 그림과 같습니다.

17

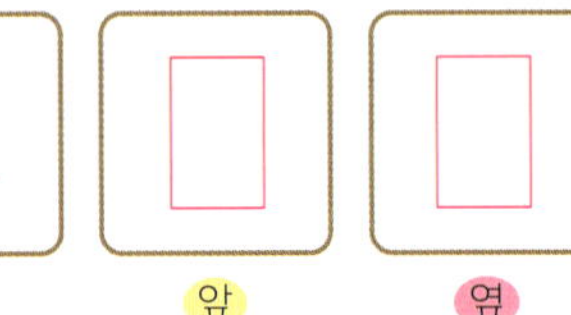

위　　　　앞　　　　옆

18 다

19

20

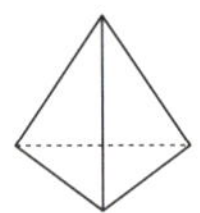

앞　　　　옆

110a~113b

1 37.68cm

2 14cm

풀이 (지름)＝(원주)÷3.14
　　　＝43.96÷3.14＝14(cm)

3 8.5cm

풀이 (반지름)＝(원주)÷3.14÷2
　　　＝53.38÷3.14÷2
　　　＝8.5(cm)

4 62.8cm

풀이 (지름이 9cm인 원의 원주)
＝9×3.14＝28.26(cm)
(반지름이 5.5cm인 원의 원주)
＝5.5×2×3.14＝34.54(cm)
➡ 28.26＋34.54＝62.8(cm)

5 12.56cm

풀이 큰 원의 반지름은 10cm이고 작은 원의 반지름은 18－10＝8(cm)입니다.
(큰 원의 원주)＝10×2×3.14
　　　　　＝62.8(cm)
(작은 원의 원주)＝8×2×3.14
　　　　　　＝50.24(cm)
➡ 62.8－50.24＝12.56(cm)

6 ㉠, ㉢, ㉡

풀이 ㉠ (원주)＝31.4cm
㉢ (원주)＝40.82cm
㉡ (원주)＝7.5×2×3.14＝47.1(cm)
따라서 원주가 작을수록 원의 크기가 작은 것이므로 31.4＜40.82＜47.1입니다.

7 107.1cm

풀이 (색칠한 부분의 둘레)
$＝30×3.14×\frac{1}{2}＋30＋15＋15$
＝47.1＋60＝107.1(cm)

8 56.52cm

9 3바퀴

풀이 굴렁쇠가 한 바퀴 굴러갔을 때 굴러간 거리는 60×3.14＝188.4(cm)입니다. 따라서 굴렁쇠는
565.2÷188.4＝3(바퀴) 굴러갔습니다.

10 11cm

풀이 철사로 만들 수 있는 가장 큰 원의 원주는 69.08cm입니다.
(반지름)$=69.08 \div 3.14 \div 2 = 11$(cm)

11 60, 88

12 ㉢

풀이 (원 안의 정사각형의 넓이)
$= 24 \times 24 \div 2 = 288$(cm²)
(원 밖의 정사각형의 넓이)$= 24 \times 24$
$= 576$(cm²)
➡ 288cm² < (원의 넓이) < 576cm²

13 113.04cm²

14 25.12cm, 50.24cm²

풀이 (원의 원주)$= 4 \times 2 \times 3.14$
$= 25.12$(cm)
(원의 넓이)$= 4 \times 4 \times 3.14$
$= 50.24$(cm²)

15 408.2cm²

풀이 (반지름이 9cm인 원의 넓이)
$= 9 \times 9 \times 3.14 = 254.34$(cm²)
(반지름이 7cm인 원의 넓이)
$= 7 \times 7 \times 3.14 = 153.86$(cm²)
➡ $254.34 + 153.86 = 408.2$(cm²)

16 8

풀이 $\square \times \square \times 3.14 = 200.96$,
$\square \times \square = 200.96 \div 3.14 = 64$
$64 = 8 \times 8$이므로 $\square = 8$입니다.

17 28.26cm²

풀이 (정사각형의 한 변의 길이)
$= 24 \div 4 = 6$(cm)
한 변이 6cm인 정사각형 안에 들어갈 수 있는 가장 큰 원은 지름이 6cm인 원입니다.
(반지름)$= 6 \div 2 = 3$(cm)
(원의 넓이)$= 3 \times 3 \times 3.14$
$= 28.26$(cm²)

18 907.46cm²

풀이 (반지름)$= 106.76 \div 3.14 \div 2$
$= 17$(cm)
(원의 넓이)$= 17 \times 17 \times 3.14$
$= 907.46$(cm²)

19 373.66cm²

풀이 ㉠ (원의 넓이)$= 5 \times 5 \times 3.14$
$= 78.5$(cm²)
㉡ (원의 넓이)$= 452.16$cm²
㉢ (원의 넓이)$= 9 \times 9 \times 3.14$
$= 254.34$(cm²)
따라서 $452.16 > 254.34 > 78.5$이므로 가장 넓은 원과 가장 좁은 원의 넓이의 차는
$452.16 - 78.5 = 373.66$(cm²)입니다.

20 145.34cm²

풀이 (색칠한 부분의 넓이)
$=$ (정사각형의 넓이) $-$ (원의 넓이)
$= 26 \times 26 - 13 \times 13 \times 3.14$
$= 676 - 530.66 = 145.34$(cm²)

21 나

풀이 (가의 넓이)
$= 10 \times 10 \times 3.14 \times \dfrac{1}{4} - 6 \times 6 \times 3.14 \times \dfrac{1}{4}$
$= 78.5 - 28.26 = 50.24$(cm²)
(나의 넓이)
$= 14 \times 14 \times 3.14 \times \dfrac{1}{4} - 14 \times 14 \div 2$
$= 153.86 - 98 = 55.86$(cm²)
따라서 $55.86 > 50.24$이므로 색칠한 부분의 넓이가 더 넓은 것은 나입니다.

22 153.86cm²

풀이 (호떡의 넓이)$= 7 \times 7 \times 3.14$
$= 153.86$(cm²)

23 706.5cm²

풀이 (종이의 넓이)$= 15 \times 15 \times 3.14$
$= 706.5$(cm²)

24 94.985cm²

풀이 (만든 원의 반지름)
$= 34.54 \div 3.14 \div 2 = 5.5$(cm)
(만든 원의 넓이)$= 5.5 \times 5.5 \times 3.14$
$= 94.985$(cm²)

25 현우, 138.16cm²

풀이 (현우가 그린 원의 반지름)
$= 75.36 \div 3.14 \div 2 = 12$(cm)
(현우가 그린 원의 넓이)$= 12 \times 12 \times 3.14$
$= 452.16$(cm²)

(예은이가 그린 원의 넓이)
$=10\times10\times3.14=314(\text{cm}^2)$
따라서 $452.16>314$이므로 현우가 그린 원의 넓이가 $452.16-314=138.16(\text{cm}^2)$ 더 넓습니다.

114a~117b

1 25, 20, 18, 15, 22, 100

풀이 개: $\dfrac{50}{200}\times100=25(\%)$

호랑이: $\dfrac{40}{200}\times100=20(\%)$

기린: $\dfrac{36}{200}\times100=18(\%)$

코알라: $\dfrac{30}{200}\times100=15(\%)$

기타: $\dfrac{44}{200}\times100=22(\%)$

2 20, 18, 15, 22

3 개　　　　　　**4** 2%

5 (위에서부터) 18, 30, 12, 36, 24, 120 / 15, 25, 10, 30, 20, 100

풀이 딸기: $\dfrac{18}{120}\times100=15(\%)$

귤: $\dfrac{30}{120}\times100=25(\%)$

포도: $\dfrac{12}{120}\times100=10(\%)$

키위: $\dfrac{36}{120}\times100=30(\%)$

기타: $\dfrac{24}{120}\times100=20(\%)$

6

0 10 20 30 40 50 60 70 80 90 100(%)
딸기 (15%) / 귤 (25%) / 포도 (10%) / 키위 (30%) / 기타 (20%)

7 4.5cm

풀이 (키위를 좋아하는 학생들이 차지하는 부분)

$=15\times\dfrac{30}{100}=4.5(\text{cm})$

8 연예인　　　　　**9** 2배

10 과학자

11 50명

풀이 정진이네 반 학생 수를 □명이라고 하면

$\square\times\dfrac{30}{100}=15,\ \square=15\div\dfrac{30}{100}=50(명)$

12 O형, B형, AB형, A형

13 90명

풀이 수진이네 학교 학생 수를 □명이라고 하면

$\square\times\dfrac{24}{100}=72,$

$\square=72\div\dfrac{24}{100}=300(명)$

(O형인 학생 수)$=300\times\dfrac{30}{100}=90(명)$

14 24마리

풀이 닭은 소보다 $30-14=16(\%)$ 더 많으므로 $150\times\dfrac{16}{100}=24(마리)$ 더 많습니다.

15 20, 25, 30, 10, 15, 100

풀이 농구: $\dfrac{28}{140}\times100=20(\%)$

축구: $\dfrac{35}{140}\times100=25(\%)$

야구: $\dfrac{42}{140}\times100=30(\%)$

육상: $\dfrac{14}{140}\times100=10(\%)$

기타: $\dfrac{21}{140}\times100=15(\%)$

16

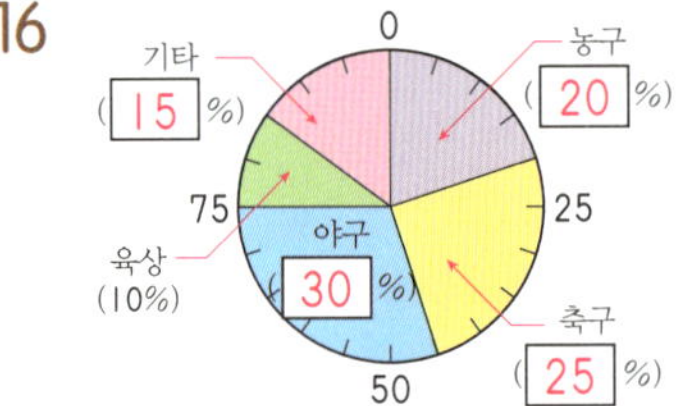

17 야구　　　　　**18** 3배

19 (위에서부터) 60, 40, 20, 30, 50, 200 / 30, 20, 10, 15, 25, 100

풀이 위인전: $\dfrac{60}{200} \times 100 = 30(\%)$

소설책: $\dfrac{40}{200} \times 100 = 20(\%)$

참고서: $\dfrac{20}{200} \times 100 = 10(\%)$

시집: $\dfrac{30}{200} \times 100 = 15(\%)$

기타: $\dfrac{50}{200} \times 100 = 25(\%)$

20

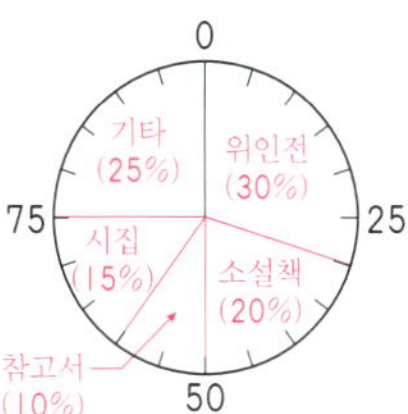

21 4.8cm

풀이 (소설책이 차지하는 부분)

$= 24 \times \dfrac{20}{100} = 4.8(\text{cm})$

22 다 마을

23 0.5배 또는 $\dfrac{1}{2}$배

24 1500kg

풀이 마을 전체의 사과 생산량을 $\square$kg이라고 하면

$\square \times \dfrac{35}{100} = 525,$

$\square = 525 \div \dfrac{35}{100} = 1500(\text{kg})$

25 (위에서부터) 225, 300, 525, 450 / 20, 35, 30, 100

풀이 가 마을: $1500 \times \dfrac{15}{100} = 225(\text{kg})$

나 마을: $1500 \times \dfrac{20}{100} = 300(\text{kg})$

다 마을: $1500 \times \dfrac{35}{100} = 525(\text{kg})$

라 마을: $1500 \times \dfrac{30}{100} = 450(\text{kg})$

26 어진, 은혜, 동욱, 현아, 상은

풀이 (동욱이의 득표율)

$= 100 - 34 - 16 - 20 - 12 = 18(\%)$

27 192표

풀이 전체 학생 수를 $\square$명이라고 하면

$\square \times \dfrac{20}{100} = 240,$

$\square = 240 \div \dfrac{20}{100} = 1200(\text{명})$

현아의 득표 수: $1200 \times \dfrac{16}{100} = 192(\text{표})$

28 6명

풀이 미술을 좋아하는 학생은 수학을 좋아하는 학생보다 $25 - 20 = 5(\%)$ 더 많으므로 $120 \times \dfrac{5}{100} = 6(\text{명})$ 더 많습니다.

118a~118b 창의력 학습

a 다

b 8000원

풀이 은정이가 먹은 음식 값을 $\square$원이라고 하면

$\square \times \dfrac{37.5}{100} = 3000,$

$\square = 3000 \div \dfrac{37.5}{100} = 8000(\text{원})$

119a~120b 경시대회 예상문제

1 63개

풀이 아래로 갈수록 쌓기나무의 개수가 3개씩 늘어나는 규칙이므로 6층까지 쌓을 때 각 층별 쌓기나무의 개수는 다음과 같습니다.

6층: 3개
5층: $3 + 3 = 6(\text{개})$
4층: $3 + 3 + 3 = 9(\text{개})$
3층: $3 + 3 + 3 + 3 = 12(\text{개})$
2층: $3 + 3 + 3 + 3 + 3 = 15(\text{개})$
1층: $3 + 3 + 3 + 3 + 3 + 3 = 18(\text{개})$
➡ $3 + 6 + 9 + 12 + 15 + 18 = 63(\text{개})$

2 원래의 직육면체 모양에서 쌓기나무의 개수는 $3 \times 4 \times 4 = 48$(개)입니다. 쌓기나무를 빼낸 후의 쌓기나무의 개수는 27개입니다.

따라서 빼낸 쌓기나무의 개수는
$48 - 27 = 21$(개)입니다.

[답] 21개

평가 기준	
상	원래의 쌓기나무, 쌓기나무를 빼낸 후의 쌓기나무의 개수와 빼낸 쌓기나무의 개수를 바르게 구한 경우
중	원래의 쌓기나무와 쌓기나무를 빼낸 후의 쌓기나무의 개수를 구하였으나 빼낸 쌓기나무의 개수를 구하지 못한 경우
하	풀이 과정과 답을 구하지 못한 경우

3 한울

풀이 한울이가 사용한 쌓기나무는 오른쪽과 같이 15개입니다.

1	1	1
3	3	3
1	1	1

서현이가 쌓기나무를 가장 많이 사용할 때와 가장 적게 사용할 때는 다음과 같습니다.

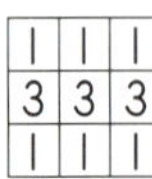

2	2	2
2	2	2

가장 많을 때

예

2	1	2
1	2	1

가장 적을 때

따라서 서현이가 쌓기나무를 가장 많이 사용할 때는 12개, 가장 적게 사용할 때는 9개이므로 쌓기나무를 더 많이 사용한 사람은 한울입니다.

4 543.76m

풀이 (트랙 바깥쪽의 둘레)
$= 50 \times 3.14 + 70 \times 2$
$= 157 + 140 = 297$(m)
(트랙 안쪽의 둘레) $= 34 \times 3.14 + 70 \times 2$
$= 106.76 + 140$
$= 246.76$(m)
➡ (트랙의 둘레의 합) $= 297 + 246.76$
$= 543.76$(m)

5 12, 13, 14

풀이 (원주가 69.08cm인 원의 반지름)
$= 69.08 \div 3.14 \div 2 = 11$(cm)
(넓이가 706.5cm^{2}인 원의 반지름)
$\times$ (넓이가 706.5cm^{2}인 원의 반지름)

$= 706.5 \div 3.14 = 225$
$225 = 15 \times 15$이므로 넓이가 706.5cm^{2}인 원의 반지름은 15cm입니다.
따라서 $11 < \square < 15$이므로 $\square$ 안에 알맞은 자연수는 12, 13, 14입니다.

6 직사각형의 가로는 원의 지름과 같고 직사각형의 세로는 원의 반지름과 같으므로 원의 반지름을 $\square$cm라고 하면
(가로) + (세로) $= 27$, $\square \times 2 + \square = 27$,
$\square \times 3 = 27$, $\square = 27 \div 3 = 9$
➡ (반원의 넓이) $= 9 \times 9 \times 3.14 \div 2$
$= 127.17$(cm^2)

[답] 127.17cm^2

평가 기준	
상	반원의 반지름과 넓이를 바르게 구한 경우
중	반원의 반지름을 구하였으나 반원의 넓이를 구하지 못한 경우
하	풀이 과정과 답을 구하지 못한 경우

7 134.2cm

풀이 색칠한 부분 가와 나의 넓이가 같으므로 원과 직사각형의 넓이는 같습니다.
(원의 넓이) $= 10 \times 10 \times 3.14 = 314$(cm^2)
(직사각형의 넓이) $= 314$cm^2,
(직사각형의 가로) $\times 20 = 314$,
(직사각형의 가로) $= 314 \div 20$
$= 15.7$(cm)
➡ (색칠한 부분의 둘레)
$=$ (원의 원주) $+$ (직사각형의 둘레)
$= 20 \times 3.14 + (15.7 + 20 + 15.7 + 20)$
$= 62.8 + 71.4 = 134.2$(cm)

8 6학년

풀이 (박씨 성인 5학년 학생 수)
$= 200 \times \dfrac{22}{100} = 44$(명)
(박씨 성인 6학년 학생 수)
$= 240 \times \dfrac{20}{100} = 48$(명)
따라서 $48 > 44$이므로 박씨 성인 학생 수가 더 많은 학년은 6학년입니다.

9 88부

풀이 전체 신문 부수를 $\square$부라고 하면

$$\square \times \frac{30}{100} = 120,$$

$$\square = 120 \div \frac{30}{100} = 400(부)$$

(라 신문의 구독 부수) $= 400 \times \frac{23}{100}$
$$= 92(부)$$

(나 신문의 구독 부수)
$$= 400 - 120 - 100 - 92 = 88(부)$$

10 40명

풀이 (띠그래프에서 라 마을의 길이)
$$= 30 - 7.5 - 4.5 - 8.4 = 9.6(cm)$$
(라 마을에 살고 있는 학생의 비율)
$$= \frac{9.6}{30} \times 100 = 32(\%)$$
(라 마을에 살며 가족 수가 4명인 학생 수)
$$= 500 \times \frac{32}{100} \times \frac{25}{100} = 40(명)$$

J2 성취도 테스트

1 나   **2** 10개

3 혜진, 2개

풀이 경민이와 혜진이가 쌓은 쌓기나무의 수는 다음과 같습니다.

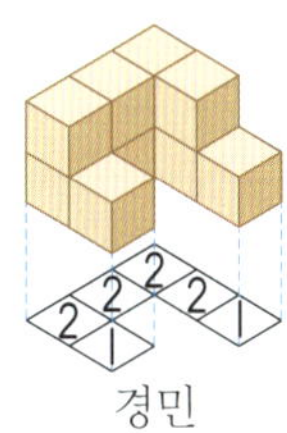
경민

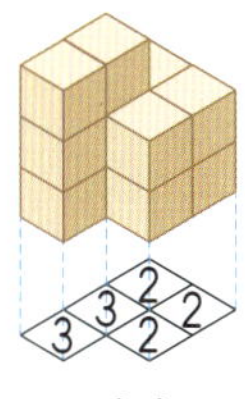
혜진

➡ $2+2+1+2+$
$2+1=10(개)$

➡ $2+2+3+2$
$+3=12(개)$

따라서 $12 > 10$이므로 혜진이가 쌓기나무를 $12-10=2(개)$ 더 많이 사용하였습니다.

4 (예) 두 방향으로 쌓기나무가 각각 1개씩 늘어나는 규칙입니다.

5 9개

풀이 쌓기나무로 만든 모양들의 개수가 각각 2개씩 늘어나는 규칙이므로 네 번째에 올 모양은 오른쪽 그림과 같습니다. 따라서 쌓기나무가 $7+2=9(개)$ 필요합니다.

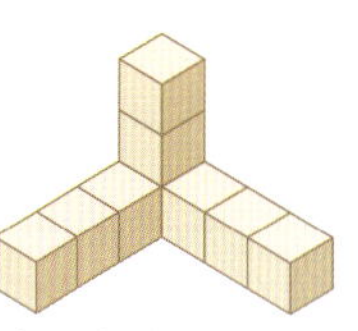

6 9개

풀이 ㉠ 자리에는 쌓기나무를 1개 또는 2개 쌓을 수 있습니다. 따라서 쌓기나무는 적어도 $2+1+1+1+1+1+2=9(개)$ 필요합니다.

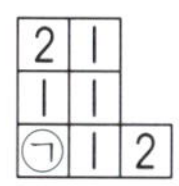

7

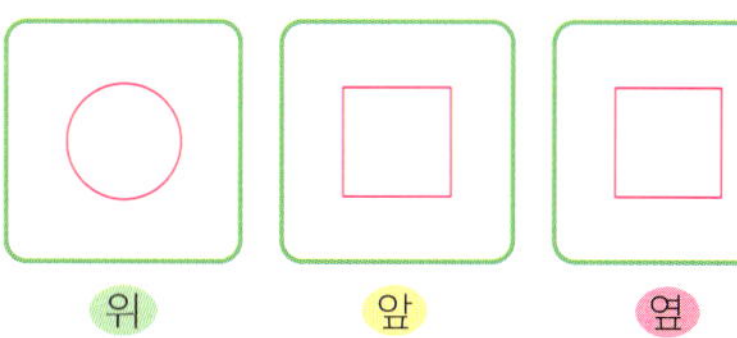

8 25.12cm

9 423.9cm

풀이 (움직인 거리) $= 45 \times 3.14 \times 3$
$$= 423.9(cm)$$

10 ㉡

풀이 (원 안의 마름모의 넓이)
$$= 20 \times 20 \div 2 = 200(cm^2)$$
(원 밖의 정사각형의 넓이) $= 20 \times 20$
$$= 400(cm^2)$$
➡ $200cm^2 <$ (원의 넓이) $< 400cm^2$

11 153.86cm²

12 ㉠

풀이 ㉠ (원의 넓이) $= 8 \times 8 \times 3.14$
$$= 200.96(cm^2)$$
㉡ (원의 반지름) $= 37.68 \div 3.14 \div 2$
$$= 6(cm)$$
(원의 넓이) $= 6 \times 6 \times 3.14$
$$= 113.04(cm^2)$$
따라서 넓이가 더 넓은 것은 ㉠입니다.

13 67.38cm, 186.83cm²

풀이 (색칠한 부분의 둘레)

$$=(큰 원의 원주의 \frac{1}{2})$$

$$+(작은 원의 원주의 \frac{1}{2})+7+7$$

$$=24 \times 3.14 \times \frac{1}{2}+10 \times 3.14 \times \frac{1}{2}$$

$$+7+7$$

$$=37.68+15.7+7+7=67.38(cm)$$

(색칠한 부분의 넓이)

$$=(큰 원의 넓이의 \frac{1}{2})$$

$$-(작은 원의 넓이의 \frac{1}{2})$$

$$=12 \times 12 \times 3.14 \times \frac{1}{2}$$

$$-5 \times 5 \times 3.14 \times \frac{1}{2}$$

$$=226.08-39.25=186.83(cm^2)$$

14 20, 15, 30, 35, 100

풀이 봄: $\frac{60}{300} \times 100 = 20(\%)$

여름: $\frac{45}{300} \times 100 = 15(\%)$

가을: $\frac{90}{300} \times 100 = 30(\%)$

겨울: $\frac{105}{300} \times 100 = 35(\%)$

15

0 10 20 30 40 50 60 70 80 90 100(%)

봄 (20%)	여름 (15%)	가을 (30%)	겨울 (35%)

16 20%

17 3.6cm

풀이 (가을을 좋아하는 학생들이 차지하는 부분)

$$=12 \times \frac{30}{100} = 3.6(cm)$$

18 햄버거

19 8명

풀이 전체 학생 수를 □명이라고 하면

$$\square \times \frac{25}{100} = 10, \quad \square = 10 \div \frac{25}{100} = 40(명)$$

$$(김밥을 좋아하는 학생 수) = 40 \times \frac{20}{100}$$

$$= 8(명)$$

20

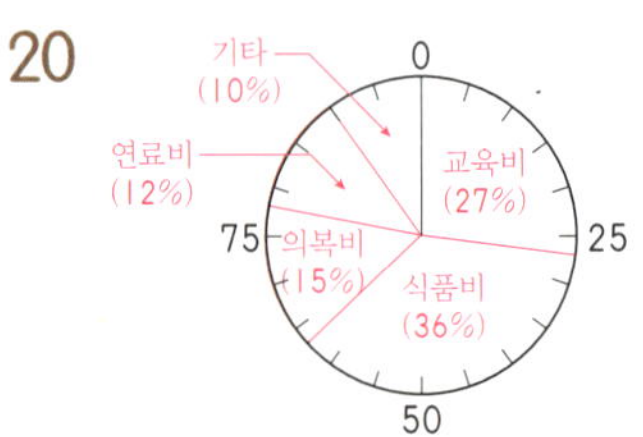

풀이 (식품비)+(연료비)

$$=100-27-15-10=48(\%)$$

연료비의 비율을 □%라고 하면 식품비의 비율은 (□×3)%입니다.

$$\square + \square \times 3 = 48,$$

$$\square \times 4 = 48, \quad \square = 48 \div 4 = 12$$

따라서 연료비의 비율은 12%, 식품비의 비율은 $12 \times 3 = 36(\%)$입니다.